一肚子幸福

树妈孕期心理减压手记

树妈马瑞/著

中国妇女出版社

图书在版编目（CIP）数据

一肚子幸福：树妈孕期心理减压手记 / 树妈马瑞著
. -- 北京：中国妇女出版社, 2016.10
ISBN 978-7-5127-1320-8

Ⅰ.①一… Ⅱ.①树… Ⅲ.①孕妇—心理保健 Ⅳ.
①B844.5

中国版本图书馆CIP数据核字（2016）第153834号

一肚子幸福——树妈孕期心理减压手记

作　　者：树妈马瑞　著
选题策划：姜　喆
责任编辑：魏　可
封面设计：尚视视觉
责任印制：王卫东
出版发行：中国妇女出版社
地　　址：北京东城区史家胡同甲24号　　邮政编码：100010
电　　话：（010）65133160（发行部）　　65133161（邮购）
网　　址：www.womenbooks.com.cn
经　　销：各地新华书店
印　　刷：北京中科印刷有限公司
开　　本：150×215　1/16
印　　张：15.25
字　　数：180千字
版　　次：2016年10月第1版
印　　次：2016年10月第1次
书　　号：ISBN 978-7-5127-1320-8
定　　价：38.00元

前言

孕七月的时候，有次和朋友们聚会。两瓶VODKA下去，进入到酒后失言的环节，大家莫名其妙地开始互相攀比自己那些牛哄哄的事迹 。一个人发言，其他人如果觉得真的很牛就喝酒，如果不服就说一个更牛的。于是我得以了解理科男A曾经在办公室和女上司偷情；文艺女B曾经在书店因为放响屁结识已婚大叔。满桌子自黑的“屎尿屁”横飞，此起彼伏。我憋了很久想不出爆炸性新闻，却在轮到我的时候脱口而出：“我肚子里有一个小鸡鸡！”一时间鸦雀无声，随后爆发出大笑和全桌碰杯的声音。

身为女人，或为女儿，或为母亲，就像一枚硬币的两面。而怀孕是兼而有之的一段特别的时光。看起来是一个人，其实是两个人。虽然是两个人，但是却看不见、摸不着，无法交流。这段“若有似无，人心隔肚皮”的短暂日子，是每个母亲一生中难忘的经历。这其中点点滴滴的感动、感慨、感受，只有经历过的人才懂。而没经历过的人，难免陌生惶恐。

前三十年脚不着地飞在天上的文艺女青年，终于即将成为细碎烟火的母亲，面对突如其来的怀孕，我经历了从手足无措到乐享其中的过程。这本书用文艺女青年“无事生非、小题大做”的思考精神，记录了孕期的那些值得纪念的瞬间，记下那些感悟，也记下这段人生旅程的独特风景。希望能给已经是或者准备做妈妈的你，带来闺蜜般体贴的陪伴，温柔的安抚和轻松的心情。

在我用文字记录的同时，身为专业摄影师的老公，也在用影像记录着我整个孕期的酸甜苦辣，还有小树来到世界上那一刻凝固了的空气。回顾这漫长的40周，温暖和爱像包裹小树的羊水一样包裹着我。

这些温暖和爱，也是我希望通过这本书和你一起分享的。

在我作为心理咨询师和父母效能培训的实际工作中，也遇到过很多来求助的妈妈，她们的焦虑，大多来自无法适应角色转换。在心理上，帮助自己从一个孩子过渡成为母亲，这可能是整个孕期对我们来说最重要的事。

当全世界都在关注我们的肚子，我们应该关注自己的心。

孕妈妈好，宝宝就好。

孕妈妈好，宝宝才好。

不是吗？

目录

CONTENTS

小树出生倒计时40周

小树出生倒计时28周

小树出生倒计时12周

C O N T E N T S

小树来了

后记

小树出生倒计时40周

|一肚子幸福|

每个生命都是勇敢的旅行者

电视新闻里面说，即将选送两男两女的地球人去火星生活。一切生存条件有赖人工供给。终其一生，他们将独自学习在火星的生存法则。

几乎每件事都是未知的，唯一已知的是：很挑战，也很有趣。

征集发布后，全球有20万人报名。即使知道这趟火星之旅有去无回，依然有这么多人想要加入，他们可能算是地球上最勇敢的人。

如果让你去一个新的星球，到达之前，先要经历长达10个月的路程。交通工具是一个狭小的活动舱体，你会被随时移动，环境变化很快，且孤身一人，没有同伴。抵达之后，你将要从毫无重力的漂浮状态变为直立行走，你不会那里的语言和技能，生存环境不同，饮食习惯不同，连呼吸方法都不一样，而你需要在这个星球生活几十年的时间，你敢去吗?

可能很少有人会欣然前往。

但是小婴儿们，都是接受了这个挑战的勇敢者。

他们没有经过培训和演习，没携带任何补给和工具，只身一人，赤手空拳来到这个陌生的地方。在诞生的那一瞬间，他们稚嫩的肺叶第一次充满了空气。随着嘹亮的哭声，他们成功地完成了从水里到陆地的转变；在吸吮母亲乳头的那一刻，他们第一次尝到了这个世界的味道。赖以生存的脐带被剪掉了，他们必须学会靠自己的力量汲取养分。这样的绝地生存考验，比成人能遇到的所有变化都更为剧烈，也比成人能遇到的所有挑战都更为刺激。

但是他们做到了，在仅仅出生几个小时的时间里。

每个生命都是如此勇敢又充满智慧，每个生命都值得被尊重。

每个生命历尽辛苦长大成人，绝不应该只是过苟且的一生。

活出自己，才不辜负我们每个人与生俱来的天赋。这一趟又辛苦又快乐的地球之旅，才算值得。

一个旅行者在旅行的路上可能备受艰辛，但这些艰辛本身就是经历，是旅行的乐趣之一。所有的艰辛，都是为了看更多的风景，体会更多生活的味道。

从A点到B点，怎么走最近？

答案是直线。

从A点到B点，怎么走最开心，最有趣，不虚此行？

一定不是直线。

如果A点是出生，B点是死亡的话，要选择怎么度过之间的几十年？

I Love yo

其实生命的过程，也有点儿像是唐僧取经。

孙悟空身怀绝技，一个筋斗就能到达西天。但是他最终还是跟着唐僧，一步一步，披荆斩棘，除魔降妖，用自己的双脚摸爬滚打到西天。历经九九八十一难，差一难都取不到真经。不经历其间的喜怒哀乐，即使侥幸拿回经文，也没有看懂它的智慧。只有一路辛苦经历那么多事件，学到那么多知识和经验之后，才能取到真经。这时候的真经，已经未必是书本的形式来承载。即使手中无经，也能胸怀大道。

就像我们在生活中经历的那些过程，有喜也有悲。无论笑泪，都是旅途中的风景。只有把这些都经历了，才算得到人生的真谛。这个过程，是没有直通车的。不经历寻找幸福的过程，无法直接达到幸福的结果。因为幸福是一种心理感受，能够从外界得到的，都是别人眼里的幸福。自己心里的幸福，一定不是别人能给的。

对于人生这场旅行来说，终点是确定的，其间经历的路线，全靠自己探索。这是一场纯自助旅行，没有旅行团，也没有导游。即使是以家庭为单位的小团体，彼此能陪伴的也只有一段路程，大部分时间还是一个人在路上。当然，也会遇到志同道合的人一起走。但是能走多远，只能看缘分。

旅行中也会遇到一些在某个领域经验丰富的前辈，就像是对某个地区比较熟悉的导游，可能会带着你游览一段。让你少走一些弯路，多看一些景点。在感谢他的同时，也要意识到，他介绍给你的，只是他眼中的风景。如果可能，还是用自己的脚去探索每个地方属于自己的风景。虽然这么做可能需要走更多路，但是也有可能看到

更美的景色。

重要的是，你究竟想到达某个具体的地点，还是想享受旅行的乐趣。

开始一场旅行，最重要的是什么？

装备？供给？盘缠？规划？交通工具？GPS？

这些，在小婴儿开始这场地球之旅的时候，显然都没有。

但是他们带了旅行中或者说生活中最重要的东西——赤子之心。

小婴儿们虽然身体柔弱，却以真诚取胜，对旅途中的每一个人都露出发自内心的笑容。

他们充满善意，所以信任身边的每一个人对他的善意，坦然接受所有的照顾。

他们毫不犹豫地做最纯真的自己，顺流而下，随遇而安，允许生活对自己做最好的安排。

老子在《道德经》中说："含德之厚，比于赤子。"拥有这种单纯的心，本身就是一种美德。从这个角度来说，每个刚出生的小婴儿，都是德行最厚的圣人。

带着赤子之心上路。随着年纪增长，随着覆盖越来越多的知识和教育，赤子之心的光芒会慢慢被掩盖。直到某个节点，我们感到呼吸不畅，会想要除掉障碍，让赤子之心重见天日。

人生之旅，也就是重新找回赤子之心的过程吧。

你是怎么怀上的

我怀孕之后，经常会被问到这个问题。

这也是我以前通常会问别人的问题。那时候的我，还单身，所以都是以“避孕指南”，或者“失败教训”为目的问的问题。

说来有趣，我单身的时候，听说别人“怀孕”了，第一个念头总是——“同情”。同情她即将会变胖变丑，经历无数的没有尽头的麻烦，在相当长的一段时间里失去艳遇的可能。人生从此彻底改变。

在本能的“同情”之后，慢半拍的理智才会输送出与此时情景相配的“祝福、喜悦”等情绪，同时在心里告诉自己人家是有老公的。无论最后做不做这单生意，手握合约入了仓库的货，当然比还在露天市场上待价而沽的有底气、有身份多了。

端正心态之后，再依次问出“什么时候生啊”“什么星座啊”“你喜欢男孩女孩啊”这类问题，反正所有的答案都是正确答案，无论问方答方都能喜笑颜开地继续聊下去。

对于“你是怎么怀上的”这个问题，每当我听到答案是“不小心”“不在计划中”“纯属意外”的时候，都会更加饶有兴致地刨根问底，以避免自己以后经历和她们感同身受的迷惑和震惊。虽说是“天注定”，但也要在当事人那里有个报备最好。

只要不是当事人有预谋、有准备的受孕，都让我嗤之以鼻。作为新时代的独立自主的新女性，我认为自己的命运应该自己做主，更何况人命关天的事情，哪里有那么多借口和意外。对自己负责，对对方负责，对下一代负责，避孕应该是一件清晰冷静、分毫不差的事情。只有绝对或者零两个选择。那些回答“我也不知道啊，一不留

我们举办婚礼的那天，小树已经偷偷在我肚子里面扎根一个月了。毫不知情的妈妈，还被客人们用“早生贵子”的祝福，要挟着喝了好几杯酒。（孕4周）

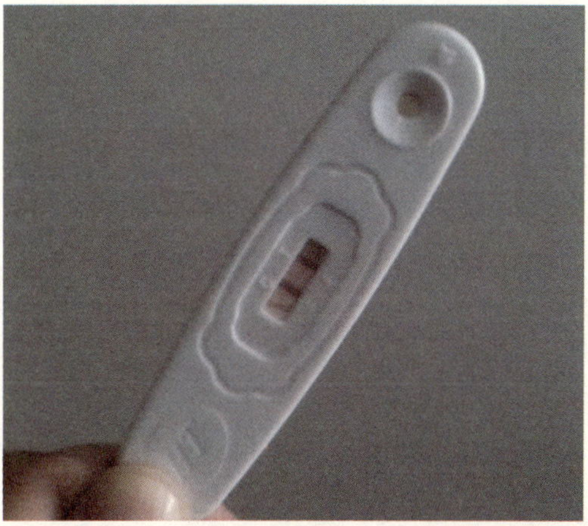

前一天还因为“食欲不振”找盲人按摩把肚子按个遍的我，看到验孕棒上的两道杠，第一个反应是号啕大哭——我的蜜月，我的人生，我的一切啊！（孕5周）

神……”的，都不能算是命运的主人。

风水轮流转，现在轮到我来回答这个问题了。

“你是怎么怀上的？”回答这个问题的时候，我的答案总是装饰着无奈地笑，尴尬的表情，以及略显底气不足的语气——“我也不知道啊，一不留神……”

然后，整个世界从此改变。一次，一辈子。

然后，我就变成了宿命论。

虽然以前也用“老天安排的”来解释每一个生命的孕育、诞生或者夭折。毕竟，生命也只有老天才能安排。

但是现在，在“我也不知道啊，一不留神……”之后，我笃定地相信这就是老天安排在我身上的神迹。

16个月之前，我35岁，单身，大龄，失恋。16个月之后的今天，我36岁，结婚了，而且怀孕了。我知道，老天爷是想让我把失去的时间都补回来，所以安排得马不停蹄，不容喘息。既然我在前36年里的确比别人多享受了很多优哉自由的单身或者恋爱时光，那就不要计较蜜月都来不及度的小小遗憾吧。

其实，在“我也不知道啊，一不留神……”之前，我不是没有担心的。

我36了，年纪大了，也难免有个把隐患。每次妇科检查之前，先故作镇静地回答大夫“我结婚了”，然后腹诽“这和结婚有什么关系”。每次妇科检查之后，总是带着两耳朵“年纪不小啦，赶快要孩子，别再耽误了”的嘱咐，出了门抖落一地。

十一的时候和老公回家办酒席，心里满是忐忑。持续的腹痛让我担心流产，担心宫外孕，不断地上网查症状，找共鸣。（孕6周）

打定主意明天接着相亲去！

虽说是“36年行驶无事故”，可是开始时那种轻松侥幸的喜悦慢慢地已经开始被淡淡的担忧所侵蚀：究竟是无事故，还是没有出事故的能力啊？

现在我知道了，这一切，都是安排好的。没怀孕的时候，是老天觉得不合适，而一旦他觉得时机适宜，你就会遇到各种莫名其妙的状况，于是，“你也不知道，总之一不留神……”

我怀孕之前一个月，去见我的朋友小美。

小美比我大1岁，在七年前的第一次婚姻中，特别努力地想要一个小孩。努力未果，夫妇俩一起去检查也一切正常。她吃中药，看西医，按摩，算排卵期，测体温……总之除了人工授精，什么办法都试了，就是怀不上。正在努力的过程中，发现老公有外遇，而且已经两年了。

闹，谈判，挽回，失败，离婚。

三年后，再次恋爱，结婚。

一个月后，某天早上的厕所里，她手持两道杠的验孕棒，发出了“我靠！不是真的吧”的惊呼。

“我没吃叶酸，没吃维生素，没调理身体，没做婚检，没做心理准备……我还什么都没做，这也太容易了吧！”小美带着不可思议的笑对我说，“这真的就是找对了合适的人，于是在合适的时机，一切都有了。”

“是啊，如果第一次婚姻的时候怀上了孩子，后来再发现老公出轨，一定不会解决得这么痛快，无论怎么处理，都是麻烦，也是对孩子的伤害。”

“当我自己还没意识到危险，还一心想要孩子的时候，老天发现了问题，及时阻止了我。虽然我当时着了点小急，现在想起来真是万幸啊！”

“真的是啊！”我浑身起了一层鸡皮疙瘩，对小美的经历又欣慰又感慨。心疼当初离婚时的她，更对她现在的幸福感同身受。我带着和她一样的充满母性的笑，摸了摸她怀孕三个月的肚子，幸福而满足。

肚子里揣着老公的娃，跟着他在老家找成长的足迹，事情开始变得甜蜜起来了。（孕6周）

一个月之后，我怀孕了。

所谓吸引力法则，就是感受到“愿望已经成真”的幸福和满足，然后，就会吸引来让你幸福满足的事物。

所以，对于“你是怎么怀上的”这个问题的答案，虽然可以有一些技术性探讨，但是也许后面真正的原因是：这是我应该怀上的最合适的时机。

每日的例行日记，增加了“小树专栏”。（孕7周）

我当时就傻了

“我当时就傻了！”

“简直完蛋！”

“我嘞个去！”

不不，你看到的不是几个小流氓在吵架，而是众多端庄优雅的白领辣妈们对于“看到验孕棒上那两道杠之后，心里的第一个念头”给出的答案。

也不是不开心，但更多的是震惊。

现实版“命悬一线”。仅仅是比平时多了一道红线，整个人生就此改变。无论之前做了多少心理准备，这一刻真正到来时，大脑还是会被巨大的信息量冲击得暂时蓝屏。几句脏话之后，关机，重启。

一个小生命带来的生活改变是巨大的，但是会变成什么样，谁也说不好。这个事就有点可怕。世界上所有能带来恐惧的事物中，未知是最可怕的。

在医院做了第一次B超，一切关于怀孕的怀疑和侥幸都没有了。是的，那颗没人能证明是个人类的小花生，此刻就乖乖地躺在我的肚子里。（孕8周）

当然，也不是完全未知。我这个年纪的同龄人中，孩子最大的都上中学了。总有些依据可循。但是知道的那些信息，不足以解惑安心，却足以引发更大的迷惘：我以后会像她一样胖吗？她说有了孩子

妈妈开心得不得了，反复验证我的肚子。而我对于即将变形的身材耿耿于怀。（孕9周）

三年都没给自己买过新衣服，我会不会这样？她就是有了孩子之后离了婚，因为婆媳关系终于找到爆发点白热化了。她说跟孩子睡一张床导致性生活频率跟大姨妈次数不分高下。在自然环境和社会环境都污染严重的情况下，我能把孩子教育好吗？

我怀孕了？

我要有一个孩子了？

我要做母亲了？

做母亲意味着对一个生命负责，意味着对这个世界贡献出一个新的成员。而每个成员，都在用自己的微薄力量改变着这个世界。这是一个责任过于巨大、要求实在太高的角色，我真的能胜任吗？

心理学家霍尔姆斯和雷赫把在我们生活中遇到的重大生活变化称为“生活事件”。不同的生活事件，对我们的心理刺激程度是不同的，需要我们消耗相应的心理能量去应对，所以会或多或少地形成压力。他们把43种生活事件统计计算后列出分值排序，发现对生活影响最强的“生活事件”为配偶死亡，分值是100，影响最弱的是轻微违法，分值为11。令人惊讶的是，即使是一些正向的“生活事件”，也会对我们造成压力，比如，“结婚“的分值是50。

霍尔姆斯发现，一年内“生活事件”的累计分超过300，会导致心理压力过大，很容易导致身体疾病。而一年内“生活事件”的分值累计在150以下者，患病概率就小很多了。这就解释了，为什么有时候生活中“惊喜频频”未必带来积极的结果。

看看那些关于怀孕和儿童教育的微信公众平台上的文章，初读如获至宝，深感教育有据。随着信息量增大，越看越心惊。现在发展到每看一条育儿信息，信心之火就颓下去一点：

养育孩子黄金守则，后悔没有早点看到

不可不知的儿科医生深度育儿法

警惕！父母一定要注意

家长毁掉自己孩子的七大绝招

注意语气！你说话的态度会影响孩子的一生

你的亲密正成功“废掉”你的孩子

家长一定不能做的5件要命的事

小学前必须养成的81个好习惯，受益一生

逐条看下来，有种野丫头茜茜公主初入皇室做王妃的拘谨和焦虑。行动坐卧都有“标准”，都有“正确的方法”，凡是与此不符的，都是“错误”的。仿佛什么都应该做，除了让孩子“做自己”。做家长更如是，都“当妈”了，还怎么能想做什么做什么？如果不按照“标准”养育孩子，基本上等于毁掉孩子。你再也不是自己了，更别提做回“野丫头”。

妈妈如果做了“野丫头”，会怎么样呢？

无非是带出来另一个“野丫头”或者“野小子”而已。

《大学》里面有一句话，让我最终释然：心诚求之，虽不中，不远矣！未有先学养子而后嫁者也。

只要诚挚用心，即使没有做到最好，也离目标不远了。从来没有人先学如何养小孩然后才嫁人的。

回望没有育儿微信公众平台的原始人和古代人，乃至我妈妈那个年代，所有的教育无非靠直觉，或者说“言传身教”。我相信，就像顺利地创造一个生命，顺利地娩出孩子一样，养育下一代，更多的也是依靠女人的本能和作为母亲的本性。世间的事，有很多是生而知之，凭本能就会做的。宇宙既然给了女人制造生命的能力，也一定会配套供应指导手册——虽然未必巨细靡遗，但是最基本的信息早已植入母体大脑。

水到渠成，瓜熟蒂落，顺流而下，随遇而安……这样的词语，就是用来应对突然发现怀孕这种手足无措的状况的吧？中文真是伟大，仅仅四个四字成语，就足以抚慰人心。

那一条淡淡的红色细线，如同一条起跑线，提醒我可以开始挖渠、种瓜、建舟、养心。我有十个月去学习如何做一个孕妇，有一生去学习如何做一个妈妈，不急。

这个秋天的景色格外温暖，这位准妈妈对自己的新身份既兴奋又忐忑。（孕10周）

你想吃什么

妈妈问我，老公问我，朋友问我，很多人都在问我同样的问题。

这是每天面对最多的一道永远没有答案的问题，以至于我听到它就想吐。

一开始，我还顾及提问者的情面，对这个问题总是报以苦笑或者连声抱歉："的确没什么胃口，你们想吃什么随便吃哈！"后来，我学会在这个问题的余音尚且在空气中游荡的时候，顾左右而言他，对脑子里碰巧飘过的随便什么话题敏捷地出手捉住，拿出来和对方热烈地讨论，以避免问题之后长时间尴尬的空白。

时间长了，提问者和被问者都已经习惯了。例行公事地问了问题之后，就可以对眼前的随便什么事情展开热烈的讨论——反正是一定要问，问了也是白问。

肚子无论是不是饱的，总萦绕着恶心的感觉。所有吃下去的东西都以胸腔为终点不肯再走，所以胃里再空，也吃不下去。

我想吃点什么？

自从成为一个孕妇，每天早上都会在饭桌上出现舌尖上的彩虹。（孕11周）

当我作为人的存在的意义只剩下“吃”这样一个简单的功能时，我什么都不想吃。

我终于明白，一切都是有代价的。

“吃了睡，睡了吃”的生活，是以不想吃，睡不爽为代价的。这就是人生的悲剧所在。

我想吃点什么？

我有没有以前想吃却不舍得吃的？现在是时候不计代价地出手。我有没有梦寐以求要实现的关于饮食的梦想？现在是时候照进现实。我有没有担心影响身材强压下去的口腹之欲？现在是时候一泻千里。

我左思右想，问朋友翻日记，在饭馆菜单找灵感，上大众点评找灵感，看美食节目找灵感，下载餐饮App找灵感。一个个熟悉的菜名都变成死鱼眼一样毫无生气的文字组合，却不构成任何意义。

在“吃”个问题上，空前的天时地利人和，我妈盼着我多吃点，我爸盼着我多吃点，朋友们盼着我多吃点，老公盼着我多吃点，肚子里面那位也盼着我多吃点，连我自己都对体形和脂肪不计前嫌地盼着我自己多吃点。

可是，我就是吃不下。

这种无能为力，就像进了阿里巴巴的宝库却没带口袋，衣服还没兜。不仅不甘心，而且有一种好不容易“一朝权在手”却没能逮着机会占上便宜，只尽了义务的怨天尤人，生不逢时。眼见着一张“全场二折”的新光天地优惠券就要过期了，还没想好买什么。毕竟，明知道这权力并不会长期属于自己，而是借着自己肚子里的家伙狐假虎威，“挟天子以令天下”。

结婚之前，想到“怀孕”两个字，脑子里出现的画面就是坐在宝座上，颐指气使地在大冬天要草莓，在大夏天要糖炒栗子，在东五环点名吃西四的小吃，在西四环念叨着东来顺的涮羊肉——不是我自己要吃的，是孩子要吃的。孩子吃不上不开心，我也没有办法。

正所谓“十个月的女王，一辈子的女仆人”。一辈子还长得很，可是十个月就这么眼睁睁地过一天少一天。对于一众垂着手捧着心想立刻奔赴厨房的男女仆人们关于“你想吃什么”的问题，总是用“恶心”来回答，真是让人焦急万分。

其实，也不是真的什么都不想吃——想吃方便面，配着可乐。

不不，不一定是老坛酸菜的，鲜虾鱼板的也行。不，不，也不是非得可乐，芬达也想喝得不得了。

是是，我知道，我不能吃，我连想都不应该想！

可是，我就想一下，怎么了？

而且，我就吃一口，怎么了？

主要是出于说服自己不要吃的目的，顺带着有点为自己吃一口找借口的侥幸心理，我特意上网搜了一下“方便面、孕妇”，以及“碳酸饮料、孕妇”。

结果不妙。

好处没有，坏处一堆，添加剂、防腐剂、香精、色素。任何一样都让肚子里的家伙不爽。

可是除了这个，其他的又实在吃不下去。

究竟是饿着对身体伤害大，还是吃垃圾食品伤害大呢？

究竟是0大，还是负数大呢？这是个数学问题。

彩虹的意思就是美丽而短暂。通常它们会经过一些物理变化，成为破碎的彩虹，被马桶冲走。

不不，这种没有正确答案、全看你怎么解释的，通常是哲学问题。

既然是哲学问题，那就好办。

“胃喜为补”，这是清朝医药家叶天士提出的观点。大意是，只有你的胃愿意接受的食物，才能更好地被消化，才是对人真正有补益的。所以，吃东西的时候，当头脑的意见“脱离群众”时，应该听从身体的呼声，选择胃喜欢的——当然，我喜欢，我的胃才喜欢——否则，再有营养的东西也未必真的对身体有好处。

这个，不算断章取义、强词夺理，应该算是引经据典、振振有词吧！

“宝宝，你知道吗？”我开始和肚子里的家伙协商，“妈妈心情好是对宝宝最好的胎教。要想让宝宝开心，最重要的是妈妈开心，妈妈开心，宝宝就会开心，对吗？”

我一边烧开水，一边慈祥地对着肚子说话："现在的孩子，最需要'抗挫力'，妈妈相信，你是一个坚强的孩子，你一定能勇敢地面对各种外界的考验，对吗？"

水开了，我撕开了方便面的口袋。

"妈妈答应你，一个月最多吃一次方便面，每次只吃半包。妈妈晚上一定吃一盘蔬菜沙拉补偿你，可乐也只喝小半杯，好吗？"

宝宝真听话，毫不犹豫地答应了我。

我感到一阵由内而外的喜悦，胃也愉快地转动了起来。

这就是所谓的"母子一体心"吧？宝宝和我，都愉快地等待着这难得的一餐。

这是半包方便面、小半杯可乐所能带来的最大的愉悦吧！

为什么要孩子

估计是因为肚子里有一个小人儿的缘故，最近思索人生的频率越来越高。

随着月份的增加，眼前的怀孕，以及今后的生养可能面对的问题越来越多地浮现。“人究竟为什么要生孩子”成为一个永恒的命题。

记得多年前频繁相亲的时候，有一个“黑道大哥”型的相亲对象，以酒会友，八面玲珑。估计是觉得我年龄大了，没聊两句，就一边挑着菜里的肉吃，一边问我“想要孩子吗”。

我看着他满脸的横肉和下面被横肉遮盖了一半的黑色“中华立领”，觉得相对于“孕育”，他应该更擅长于“夺取”或者“毁灭”。

自忖没有压寨夫人的气势，我决定做回自己：

“因为我们每个人对自己的成长过程都没有很清晰的记忆，或者说，不是主动地成长为现在的样子的。所以我想跟着孩子一起，从头开始活，从头开始观察和陪伴一个生命。”

这话，连我自己说着都觉得太文艺。

不知道是被肉丝还是被我的回答噎着了，他停止咀嚼，挑了挑眉毛，说：“嗯，这个回答还真没听过。”然后就埋头吃饭，再没问我什么问题了。

我为这一句话之后就不用再回答任何问题的答案得意了很久，之后也用这种说法换来过很多赞同或者不屑。

自己“意外中招”之后，埋头在医院检查单和孕妇前辈的靠谱不靠谱的经验里，纠结在到底是先吃再吐，还是先吐后吃的斗争中，三个月之后，才终于能喘息着问自己一句：“我到底为什么要孩子？”

眼见着今年计划的国外旅行泡汤了，作为旅行产品的已经和出版社策划好的书也流产了。腰越来越粗，活动越来越不方便，还要面对身材走样、妊娠纹、职业规划、生活压力、月嫂工资、乳头皲裂、自然分娩、侧切、吐奶、湿疹、学游泳、幼儿园赞助费、儿童房、小学择校、小升初、作业、青春期、早恋、考大学、找工作、谈恋爱、婆媳关系、孝顺、啃老……

亲，我们到底为什么要生孩子？

先采访我妈。

“妈，你当初为什么生我？”

“哪有什么理由啊，都生呗！”我妈完全没思考。

“别人都生你就生啊？你不是这么没主见的人。总得为了什么原因，或者说别人是为了什么原因啊？”

“养儿防老嘛。你看，现在你能给我们带来很多新的信息，还给我们买新手机，多好！”妈妈半开玩笑地说。妈妈对我一直还挺满意的，觉得晚年有孝顺的我，生活丰富了很多。看来，她生我的目的算是部分达到了。

“那跟养我的付出比，你觉得值吗？”

“没有这么算的。这么算肯定是个亏本买卖。这几年才开始享上你的福，去年还为你当剩女到处求人找对象呢。”

我知道自己从小就是个不让人省心的孩子，从小时候吐奶，到青春期早恋，再到考大学、找工作，没一项让我妈少操心的。

“如果我现在跑去国外上学，或者嫁到外地，总之不在你身边，那你会觉得很失望吗？”我问。

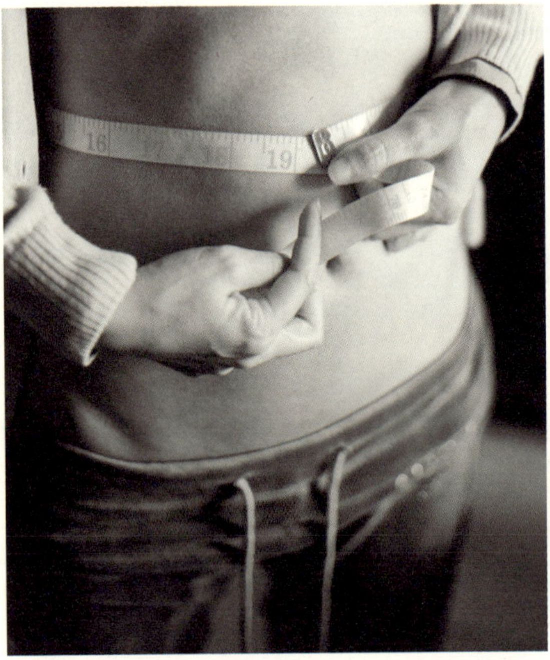

迄今为止，仍然是1尺9，立此存证。（孕14周）

“什么？！刚安生两天，你又想跑到外国上学去？”妈妈知道我一直抱着这个念头，所以也不算空穴来风。事实上，如果没怀孕，也许真的有这个可能。

“哎呀，我现在大着肚子能去哪里啊，我就是假设嘛。”

妈妈心有余悸地歪着头想了一下，然后很无奈地说：“说实话，如果你真的要出国，或者在外地，我也只能支持你。毕竟你自己的人生，我也管不了。我管了，如果你不高兴，那也不行啊！”

是啊，我都能想象，就像小时候那些次故意要跟父母的意见反着来的情况一样，如果爸妈强制性不让我出国上学，不让我嫁到外地，也许反而会激起我的叛逆之心，不达目的不罢休。

“那么，其实养儿防老这件事，也不是很靠谱哈。”

“可不是，你看那谁家，还有那谁，最后都是剩了老两口，尤其是你那些外地同事，一年也就见父母一两回。”

是啊，我也曾经想过希望小树长大以后从事的那些特别酷的职业，比如战地记者、生物学家、广告创意人、摄影师、画家——哪一个，都不着家。不是空中飞人满世界跑，就是隐蔽在亚马逊丛林探险，或者在深山老林埋头创作。

从这个角度上说，父母应该希望孩子长大之后成为一个朝九晚五的公务员。时间固定，作息规律，平日能“常回家看看”，过年过节能欢聚一堂。但事实上，现在的我们，又有多少人能做到？

哪个父母不希望肚子里面的这个小花生大小的宝贝，长大后能成为对世界有所影响的人呢？至少，能够先实现他自己的人生理想。

很多耳熟能详的改变国家和民族命运的大咖，都是自从离家上学，就再也没有回过家乡，再没见过父母。舍小家，为国家，作为他们的父母，想必不完全是一件开心的事吧？即使如此，也并没有父母会为了能多得到一些照顾，而囚禁孩子飞扬的心。

“如果养儿防老基本上就是赌博，成大事的孩子很多都不着家。那你到底为什么要生孩子啊？”

“哎呀，不是跟你说了嘛，这个没有为什么，就怀了，就生了。哪有工夫每件事都问为什么？你好好养胎，别胡思乱想！”我成功地把老妈问烦了。

老妈即使曾经是小学老师，现在也被退休生活磨成了家庭妇女，没什么见地。我还是问问新时代的辣妈们吧！

于是，我把摄像机和话筒转给了身边各个年龄段的朋友们。有趣的是，不仅答案不同，即使是同一个人，在不同的时间段，给出的答案也不同。

未婚且单身的朋友A，恭喜我说：“据说女人生了孩子之后，所有的妇科病都没有了。还不容易得乳腺癌。你有一次重新调理身体的机会啦，真好啊！”

刚生产后，正在反复回奶、催奶的朋友B，被催奶师折磨后气若游丝地对我说：“实在太疼了，比生孩子还疼，我真不知道为什么生他。”

女儿1岁，已经能睡一个完整觉的朋友C，带着疲惫的笑容说：“孩子真的好可爱啊，每天回家看到她的笑容就什么烦恼都没有了，她就是个心理咨询师啊！”

胸已经变大而肚子还没有，身材短暂但是空前地令人满意。（孕15周）

女儿2岁，会用奶声奶气的语气叫妈妈，每天黏在身边的朋友D，睁大眼睛兴奋地告诉我："我们家娃的可爱程度到了顶峰，我每天都幸福得晕头转向的，最近谁都别约我，让我被幸福淹死吧！"

儿子3岁，摔坏东西无数，爸妈永远跟在屁股后面追，全家人深感力不从心的朋友E，气喘吁吁地说："养一个男孩相当于养三个女孩，为了他我高薪的职位都推了，其实要孩子有要孩子的好，不要有不要的好，你自己想清楚——哎，儿子你给我下来，别跳！"

儿子4岁，经常被幼儿园老师告状欺负小朋友，见什么要什么的小霸王的妈妈F，苦着脸说："他就是个冤家，我现在一点自己的生活都没有。我现在一生气就骂老公，当初图省事不用避孕套，现在要累一辈子，还是个'建设银行'，得给他准备房子。"

儿子4岁，女儿1岁，在家做全职太太，比老公年轻10岁的妈妈G，用过来人的语气劝我："夫妻就两个人，谈恋爱谈来谈去就没得谈了，谈不出什么花样。一个家庭要稳固，还是得有个孩子。就算是别的地方都没有共同语言了，夫妻两个人还有一个最大的共同语言，这就是婚姻稳定的保障，我们家就是双保险啦！每天如果不是一起说说孩子的事，我们都没什么可说的。"

女儿5岁，离婚4年的单身母亲H，摸着孩子的头目视前方："当初生孩子时候真是没多想，但是离婚的这几年，没这孩子陪我，我还真熬不过来。每天看到她，我就有动力了，也有希望了。就这么熬下来了。我真得感谢她。没有她，我也许就想不开了。"

……

你当他是萌娃天使的时候，他能用一泡屎终结你一天的安逸。你当他是待哺羔羊的时候，他可能正是你的救世主。孩子的作用，还真不是一两句能说清楚的。

每家情况各不相同，具体到我们家，还是得问问参与制作过程的孩子他爸——我老公，“你到底为什么想要个孩子啊？”

“因为我想当爸爸啊！”

“那你为什么想当爸爸呢？”

“就是觉得应该有个孩子扑过来叫我爸爸啊！”

“那为什么想有人叫你爸爸呢？是因为觉得好玩吗？是满足控制欲吗？是为了成就感吗？是为了传宗接代吗？是为了有人叫你妈奶奶吗？”

“别把你学的心理学往我身上套。跟那些都没关系！”

“那你好好想想，为什么你想要一个孩子呢？”

“那，可能是，因为有了孩子才圆满吧？——别问我为什么有孩子才圆满啊！你今天的问题时间已经截止了！”

好吧，听了这么多有谱没谱的答案之后，再问回我自己，我为什么要这个孩子。

想想在一年前，有一个朋友怀孕了，但是因为个人规划的原因不想要这个孩子，打电话过来问我的时候，我是为数不多的支持她的人：我喜欢敢做自己的人，不因为外界的打扰而改变计划。想要什么就不找借口勇往直前。

但是现在，这件事落在我身上，我为啥不是这么做的呢？

作为一个叛逆期的文艺女中年，比较热衷于思考所谓“原因，以及意义”，尤其是在激素紊乱的怀孕初期，相当于诗人喝了酒，特别喜欢思考。同时，在青春即将消逝的尾声，特别希望能对自己负责，每件事都是自己的选择，不喜欢随波逐流，要做有目的的事。

但是对于“为什么要孩子”的追问，还是没有结果。

不是为了陪伴和赡养，因为“世界上只有一种爱，是以分离为目的的，那就是母爱”。

也不是为了享有眼前拥有时的乐趣，因为即使是眼前，乐趣和困难也是并存的。甚至，显而易见的，辛苦更多。孩子作为天使安静乖巧任你玩的时间只占每天的1/100。

就像是，作为一个特别爱探索宇宙奥秘的小朋友，我也不得不接受世界上还有很多未解之谜一样，人为什么生孩子，可能也是其中一个。

但是不能否认的是，我想要他。

自从怀孕，家里每天都有鲜花。

我不知道他对我的意义，我不知道他会给我带来什么改变，我没有私人的目的一定要达到，我也没有家人的期待和压力必须实现。

我还是想要他。

我想看到孩子清澈的眼神和笑容，我希望和爱人用我们的细胞“无中生有”地创造出一个温暖的生命，我愿意邀请一个新的游客来参加“地球旅行团”的体验式游览。我也愿意在我自己的“地球旅行”中，增加一条刺激的线路，体验特别的感受。

这是母爱吗？仿佛也不全是。

更像是本能。

一定要说的话，应该就是“天道”。

世界上总有一些事情，是不需要原因的。就是应该如此。像四季轮转，新陈代谢。天地人伦，绵延子嗣。也许这就是我们的生命存在的意义。

Jason Mraz唱道“It takes no time to fall in love，but it takes you years to know what loves”。

而我，用一秒钟的时间制造了一个受精卵，可能要用一生的时间，去体验这个生命带给我的意义。

什么营养品最适合孕妇

“你怀孕的时候吃的DHA是哪里买的？淘宝我信不过，我想找朋友从外国带，你说呢？”发现怀孕之后，就被医生嘱咐要吃叶酸、钙和各种维生素。很多书上说补充DHA对宝宝大脑发育有好处，所以我赶快给刚生了孩子的朋友打电话。

“DHA？DHA？DHA？”

朋友连续重复了3遍，我怀疑她的孕傻还没结束，而且理解力也遭到了毁灭性的打击。

“对，就是那种叫作‘二十二碳六烯酸’的不饱和脂肪酸！”我对着面前电脑上百度百科的页面，信手拈来。

“别吃DHA！千万别吃DHA！”朋友在电话那头叫道。

“干吗？都说吃DHA的孩子聪明，你不要害怕我家小树比你家的聪明，我们不会忘了哥哥的！”

“别逗了你！因为我吃DHA太多了，我家宝宝差点出事！”

朋友心有余悸地给我讲起她怀孕的时候，因为想要一个“聪明”的宝宝，所以一发现怀孕就开始吃DHA。

“那时候，所有的宣传资料，奶粉广告什么的，都在宣扬补充DHA的好处，还有医学实验证明添加DHA喂养的宝宝，4个月之后智力和视力显著地提高。看着对比数据上，吃了DHA的那一组柱状图高出去那么多，我当时就兴奋地下单，一下子买了整个孕期的量。”朋友说，“高高兴兴吃到孕26周，结果B超检查说是大脑的左侧侧脑室增宽。我当时看见这几个字就坐在地上了，这说明孩子的大脑可能不正常。如果严重的话，需要引产。”

朋友说，回去在网上输入“左侧侧脑室增宽”这几个字的时候，手都是抖的。

自己查询的结果是，侧脑室增宽说明有可能是由于营养素已经摄入很多了，但是孩子还没吸收，所以产生了积液。而营养素和孩子的发育步调不一致的原因，可能跟母亲补充了过量的DHA有关。

“我当时又是害怕，又是后悔啊！马上停掉DHA，所有的营养品我也不吃了。之后每次去做检查，侧脑室果然一次比一次窄，直到最后积液被完全吸收了。医生说‘正常’两个字之后，我大哭一场，差点因为自己，害了孩子。”

放下电话，我又庆幸，又后怕。

引起孩子问题的，可能是过度补充了DHA，也可能不是。

但是，无论如何，额外服用任何人工合成的物质，对自己的身体，以及身体里面的宝宝来说，都是一件可能有帮助，也可能有风险的事情。

现在的问题是：我到底为什么想要补充DHA呢？

因为医生说的？因为杂志说的？因为育儿书写的？

是，但是仿佛也不全是。

从小，我就总是被父母告知，我不够好。

身体不够好，能力不够强，这已经成为我对自己的认知。怀孕之后，我生怕宝宝身体不够健康，所以想办法给他补充各种元素。其实

自从亲戚聚会被告知需要吃海参，整个人都变得不好了。（孕16周）

心底里，是不信任我只靠自己的力量，能生出健康的宝宝。总觉得一定要借助外力，才能补足缺陷。

同时，我们还总是希望孩子更“聪明”，仿佛“聪明”就足够解决一切人生困扰，让他一出生就所向披靡。我们觉得自己是不够“聪明”的，所以提供不了太好的遗传，于是走捷径去补充DHA，希望孩子有超人的智商，过上比我们更好的生活。

如果身为一个人的“智商”和“幸福”都能靠这几颗小药丸来改善，那它现在的售价，显然是太低了。

“我不够好，营养不够多，我需要借助外力去补足我欠缺的。”

这已经从广告商的营销方法，变成了一种观念，乃至一种信仰。

广告商说，孕妇补充DHA孩子就会聪明；

小孩子必须喝奶到6岁否则营养跟不上；

25岁以后皮肤开始衰老，我们必须用面膜；

30岁以后钙会流失而且不可逆，我们必须补钙；

45岁以后卵巢开始退化，我们要补充雌激素；

60岁以后？

“孝敬爸妈，脑！白！金！”

想想真可怕，离开了这些人工制品，人类的生活品质简直没有任何保障啊！我们是多么幸运，生活在这个能够提炼各种化学元素的现代社会。

但是仿佛很多时候，真正健康而且长寿的，反而是农村老妪，或者素食的僧侣，是从来没有机会进补那些“必需”的营养品的人。

而我们这些每天按时服用各种小药丸的现代人呢?

补了DHA，孩子却未必“聪明”，甚至可能会影响健康。

孩子虽然喝奶到6岁很少生病，却天天因为课外班被家长训斥哭着入睡。

姑娘们25岁以后天天敷面膜，10年后皮肤依旧水嫩，却要面对老公出轨的现实。

30岁以后每天补钙、补微量元素，骨骼强劲却每天窝在水泥丛林，连带家人去趟郊区都没有时间。

阿姨们45岁就开始补充植物雌激素，身体虽然依旧年轻，但是心里充满负面情绪，脸色并不好看。

……

能让我们更健康、更幸福的，究竟是花钱买的保健品还是那些免费的东西，比如家庭和睦，心胸宽广，幽默乐观。

更何况，健康的身体只是幸福人生的基础。

活多久很重要，但是在活着的时候是否快乐，比活多久更重要。

也许我们原本具有一切我们需要的东西，无论身体，还是财富、智慧、能力。

我们要做的是挖掘自己的潜力，去除阻碍这些能力的，觉得自己不够好的限制性信念，而不是外求于人。

如果智慧依靠DHA，万一断货了怎么办?

如果幸福来自老公的财富，万一离婚了怎么办?

如果我们的成就感来自孩子的优秀，万一他是个普通的孩子怎么办?

现在的我，经常摸着肚子跟小树聊天：“你是一个健康的宝宝，你是一个完美的宝宝，欢迎你来我家。你好幸运，有我这样的妈妈，妈妈也好幸运，有你这么完美的宝宝，我们彼此的相遇，就是最好的事。”

如果说有什么营养品是最适合孕妇的，那就是对自己和宝宝的信任和祝福吧！

老公下楼买菜的路上，用落叶摆的图案。

小树出生倒计时28周

孕妇社交

“你的肚子好尖啊！”

这是我最熟悉的开场白。

“是啊，大家都说是男孩。”

“当初我怀孕的时候就没有这么尖，我家那个也是男孩。”

……

于是，一场以娃为原点开始，以不知道什么话题结束的射线状对话开始了。交谈双方亲切、友好、推心置腹、和谐亲密、兴高采烈、笑声不断。直至话题自然结束，分手时竟有些依依惜别。挥手致意，各分东西，两人脸上分别带着美好的笑容，以及对对方的祝福。

其时我们只是路人，并不相识。

自从怀孕之后，我的社交能力一下子变强了——其实是被变强了。几乎每天出门都有人主动向我——其实是先向我的肚子，再循迹向上，注意到肚子的主人——致以善意的问候，然后毫无违和感地开始聊天。谈话内容即使涉及个人隐私——家住哪里，有没有侧切，孩子叫什么，老公职业，等等——她们也会主动提及，如实相告。

这样的谈话，会发生在任何时间，任何地点。

在公交车上，让座给我的女孩主动站在旁边攀谈起她其实还在月子里，今天出来看朋友。然后告诉我坐月子和喂奶的注意事项。还安慰我别紧张，自然分娩很容易。

在餐厅吃饭，桌子对面的孕妇会主动向我请教每次产检的内容，以及彼此核对对方的月份和体重增长的斤数，交流饮食经验。

在公共浴池里，我袒露的体形会吸引更多猜测月份和性别的阿姨团，引经据典地交流孕产经验。

在饭馆点餐，服务员瞥一眼我的肚子，主动建议："不要加味精吧？给你做淡一点？"或者"这个菜有辣椒，不如换另外一个"。

在医院产检的时候更不用提，每个肚子里有货的姑娘们，仿佛都是久别重逢的闺蜜。连彼此寒暄都不用，话题开始得如此自然随意，结束得轻松温暖。肚子里揣了宝宝之后，就像是揣着同一个秘密的盟友。

送桶装水的老伯来到家里，因为开门的是我，也会主动提出帮我去掉桶盖的包装，搬到饮水机架子上面。而且因为知道隔壁养了猫，提醒我尽量少接触宠物。

在超市购物，在小区遛弯，在书店看书，在孕妇学校听课……肚子里的娃，总是能给我带来关注、关照，以及别人主动交流的欲望。

自从怀孕之后，我的社交圈子也一下子变大了。和各种身份地位的人，仿佛都能自然地聊上几句。

有两次在出租车上，两位男司机主动跟我聊起他们老婆生孩子的故事。一位先是猜我孩子的性别——男娃，理由有三：1.肚子尖。2.腿脚灵活。3.肤色不好。如此证据确凿有理有据的，我不禁感慨“高手在民间”。于是大哥受到鼓舞，又猜我和老公的职业——果然八九不离十。聊high了的大哥讲起他老婆的生产经验，讲他家单传，都盼着是个男孩。但是所有的证据都指向女孩，直到临产，隔壁床产妇的丈夫告诉他“今天这拨都是女娃，你家的肯定也是女娃”，他还

自从成为一个孕妇，变沉的除了肚子，还有脑子。

是坚信男娃。他惟妙惟肖地给我描述他是怎么趴在产房唯一一小块玻璃的缝隙弓着身子偷窥里面老婆生产，当护士告诉他是个男娃的时候，从小体育不好的他，怎么一下子蹦起来头撞到了房顶，他又是怎么笑着跟隔壁床产妇的丈夫攀亲家的，他90岁的老爷爷是多么的高兴——一路上，我都感同身受地跟着他着急或者开心，甚至，他的头撞到房顶的时候，我也觉得疼——这些藏在他心里的幸福往事，陪了我们一路，欢声笑语。下车的时候，大哥祝我一切顺利，我祝大哥开车平安。

另外一次遇到的司机师傅，本来打算收车，因为我是孕妇，特意送我回离他家很远的地方。一路上聊起10年前他陪产的经历。又说起他比她老婆大10岁，本来家人都不同意，但是他们不但结婚了，而且感情特别好。都结婚10年了，现在出门还是手拉手——喏，你看，大哥拿起手机给我看屏幕上一个笑得羞涩的姑娘的照片——这就是我老婆。最后，师傅特意留了电话给我，告诉我如果遇到拒载孕妇的情况，或者临时着急去医院，一定打电话给他，他随叫随到。下车的时候，师傅祝我一切顺利，我祝师傅开车平安。

应邀在某时尚网站开博客的时候，跟负责联络的编辑多聊了几句关于“用吸引力法则”备孕的事情，我跟她说幸福是会传染的，当初我结婚时候接我手捧花的姑娘已经结婚而且怀孕了。过几天，编辑欣喜地告诉我她真的怀孕了，并且认为是我把这个好“孕”气传给她的——嗯，这类型的“无中生有”，我还是可以忍的。从此，我们变成“孕友”。

和老公一起去给杂志社拍摄某体育世界冠军的照片，从我的肚子聊起，已经成为父亲的世界冠军，已经成为母亲的杂志编辑很自然地跟我聊起了孩子，怀孕和分娩。那一天的拍摄非常顺利，我们也一直保持联络。

去广播台做节目的时候，女主持人也都会因为我的“特殊身材”，或者试图用紫薇预测性别，瞬间打消了紧张隔阂，那期节目老友见面般谈笑风生地就录完了，效果很好。

孕7月的时候，去拜访重症肌无力公益基金会，谈了很多关于病友们的困境之后，得知基金会里一位工作骨干，娶了一位患病的姑娘做老婆。一瞬间被崇敬击中的我，感动得直起鸡皮疙瘩。那个帅气的男人问了我的预产期，然后自豪地说，他老婆的预产期比我晚两个月。我兴奋地想跳起来拥抱他！他说，虽然妈妈会因为这种病在怀孕的时候承担更多的风险，但是，肌无力是不会遗传的疾病，所以他们会有一个健康的宝宝！

作为一个准妈妈，我明白这对家庭的意义。交换联系方式之后，我们也经常交换孕产知识，更重要的是，彼此交换积极能量。

也有快餐店的老板娘，在我吃饭的时候坐在我身边，聊起她和老公来北京打工的辛苦，不满2岁的孩子留在老家，晚上想孩子常常会哭。

也有健身中心的客户经理，一边叮嘱我游泳要小心，一边说起她备孕的趣事。我鼓励她别有压力，我36岁了都能怀孕。她鼓励我心态年轻坚持锻炼，宝宝健康生产顺利。

……

无论性别职业，每个人都乐意就我的肚子发言，男的，女的，有娃的，没娃的，怀过孕的，没怀过的。

我也得以拓展自己的社交圈子，享受以前认为完全没有交集的街头的大妈和巷尾的老伯之间亲切热情的交流乐趣。

所有这些俯拾皆是的温暖的问候，帮我把怀孕变成一件非常美好的事情。就像宝宝在羊水里觉得温暖舒适一样，我生活的环境仿佛也随着我肚子越来越大，变成了温暖的羊水，随时提供着精神营养，让我觉得温暖舒适。

印象深刻的是孕8月的时候，我去一个写字楼找朋友。在电梯间等她的时候，一个同样大腹便便的孕妇从电梯里出来，我们两个人微笑着对望了一下，就像磁铁的南北极一样，极其默契地迅速靠近，开始聊天。

当我的朋友从公司跑出来时，我们已经聊得活色生香。朋友惊喜地问："你俩是怎么认识的？"

我俩同时摇头："我们不认识。"

……

是因为我们处于同样的状态，所以很容易接近吗？肯定是这个原因，但是，仿佛不全是。

有很多同样状态的人，未见得如此容易亲近。而且，那些不是"孕妇"的人，那些还没有经历过怀孕的人，或者永远都没机会怀孕的——男人，为什么也会因为我是孕妇，更乐于跟我攀谈，甚至讲述他们那些幸福的家事呢？

也许，那是因为，孩子——一个新的生命，能触动每个人心底最柔软的地方。它联结着所有最美好的记忆，或者期待。人们通过我，想到了他们自己。想到了他们自己曾经经历的，或者非常渴望的，和孩子有关的那些幸福。所以他们愿意通过对我的关心，通过给我建议，或者通过跟我聊天的方式，来重温属于他们自己的跟孩子相关的回忆，或者憧憬他们跟孩子相关的未来。

孩子，原来有这么神奇的功效。他像是软化剂，让每个人的心变得柔软，易于打开。又像是兴奋剂，让生活充满希望和生机。

这就是生命的意义所在吧？

在孕妇学校学习。（孕18周）

爱是最好的胎教

胎教怎么做？

2～3月多看名画，4个月以后开始听肖邦，5个月以后开始说话，6个月抚摩，7个月光照，8个月读诗？

还有呢？

买莫扎特、贝多芬、莎士比亚、雪莱的作品？买胎教仪？参加胎教训练课程？

在“不要输在起跑线上”的战略思想指导下，这些还未出生的小选手们，已经被妈妈们带着被迫参加各种“课外辅导班”了。

那些音乐是不是太吵，诗句是不是爱听，光照的时候宝宝有没有在睡觉，爸爸妈妈们没有想过。而小宝宝像一条躺在案板上没有力量反馈的小鱼，默默享受，或者承受，也许忍受，急于求成的爸爸妈妈们实施的中国的外国的、古代的现代的、专家的商人的各种研究成果。宝宝们唯一能做的，只是伸出自己稚嫩的小拳头，轻轻地顶起妈妈的肚皮。

这一拳，代表抗议还是欢迎？全看妈妈们自己的解释。

心理学上有一个名词，叫作母子一体性。通常是指，咨询师以母亲对孩子一样的心来对待来访者。无条件地给予积极的关注，通过陪伴、包容、关怀的母性力量，给来访者以安慰和支持，最终得到治愈。

肚子终于初见雏形。（孕18周）

这个词，我懂。

这些语言我也都懂。

但是真正明白“母子一体”，是在怀孕5个月的时候。某次因为工作和领导意见不一致，但是又不能充分地表达心里的不满，只能闭口不言，当时就感觉到“咽下一口气”，胃部马上有不舒服的感觉。很快，宝宝开始在肚子里面不安地动，我伸手摸摸他，意识到自己太情绪化了，气血循环受到阻滞，孩子可能会觉得不舒服。我想要深呼吸，调整一下，却感到肚子里的气一直向上冲到嗓子——我跑到厕所，把早上千辛万苦吃下的鸡蛋、海参、水果和坚果，都吐了个干净。

从心理状态演变为生理反应，这个过程，只花了1分钟。而跟我同为一体的宝宝，不可避免地受到我的情绪和身体的各种影响，牵一发而动全身，息息相关。

母子一体。

迄今为止，我们并不是两个独立的人，而是一个人的两个部分。

孕妈妈的状态对孩子的影响也是这样。孕妈妈的喜怒哀乐，孩子都能感受到，并且不可避免地受到影响。好一个无辜的小朋友啊，未曾经历妈妈经历的事情，不能选择妈妈做出的反馈，却要一起承担跟妈妈一样的身体反应。严重的话，也许还会对小小的身体造成伤害。

在怀孕的前3个月，宝宝面部正在发育，如果妈妈的情绪刺激强烈，就可能会导致孩子兔唇。第四五个月，生殖系统发育，妈妈压力过大会阻碍男性激素的分泌，男宝宝可能会有女性化的趋势。第六七个月，妈妈如果经常忧虑和哭泣，会影响孩子皮肤的功能，同时间接地影响到大脑的发育。在整个孕期过程中，惊恐可能导致先天癫痫，经常大怒的孕妇，生出的孩子容易脾气暴躁，喜欢挑拨离间恶语伤人的妈妈，容易生出桀骜逆反的孩子……

隐藏在孕妈妈肚子里的毒素，可能会在宝宝的成长发育中，渐次体现出来，影响到孩子的健康、学习，乃至人际沟通、亲子关系、长大后的亲密关系，再往远了说，还有下一代的亲子关系。这中间的任何一项都比“更早认识更多的汉字”“更快更多地学习知识”更加重要啊。

在沙箱游戏的临床咨询中，我们也遇到或者听到一些很震撼的例子：

4岁的孩子在沙箱中频繁地出现死亡的婴儿的形象，经过询问，妈妈说出在这个孩子之前曾经有一个流产的婴儿，但是这件事绝对没有告诉过孩子。

7岁的女孩自出生起就从来不愿意跟妈妈亲近，也不愿意让妈妈抱。无论妈妈怎么表白，她都说“我害怕”。在催眠中，妈妈想起，整个孕期她一直希望孩子是男孩，说出过类似“如果是女孩就不要她”的话。

当妈妈真诚地向孩子忏悔之后，孩子终于接受了妈妈的拥抱。

……

孩子的灵性从受精那刻就已经存在，不会语言的婴儿，以思想和能量的形式，接受着妈妈的所有起心动念，经历着我们正在乃至之前经历的一切。孩子是有记忆的，更是有感受的。

然而，在所有的胎教目的中，很少是以让宝宝“更舒服、更快乐”为目的的。家长们根据自己小时候的成长经验，习惯性地把“舒服、快乐”和“成才、成功”列为反义词。“梅花香自苦寒来”“棍棒底下出孝子”这样的俗语充斥民间，仿佛宝宝自身的感受并不重要，宝宝出生后的性情品质并不重要，宝宝以后要实现的“目的”显然更加重要。

这并不算错。

但是，至少在妈妈怀孕的阶段，宝宝的舒适、快乐、健康，宝宝的完整人格，才是最正确的胎教目的。

那么，宝宝的好状态来自于哪里？

妈妈。

绕来绕去，又回到自己身上。

说起来有点儿复杂，仿佛孕妈妈的喜怒哀乐惊恐悲，都要不由自主，处处受限。小心翼翼地度过整个孕期。

说起来其实也很容易——做好自己，就都够了。

说让自己欢喜的话，看让自己欢喜的事物，做让自己欢喜的事情，见让自己欢喜的人。避免心情太过起伏的刺激。自己欢喜，宝宝就欢喜。

可见，怀孕也是一个自我修炼的过程。当意识到自己的一举一动会对自己最爱的人造成影响的时候，一切都变得不重要了。或者说，一切都变得更重要了。

让自己的起心动念，言谈举止都能符合“好妈妈”的标准，能为孩子带来有益的影响，这正是一个自我成长的机会。

我曾经在网上看到一个揭露淘宝化妆品代购的帖子，写的是作者的朋友从做真正的海外代购到和假货生产商合作，出售更便宜的假货，淘宝店做得风生水起的经历。“诅咒售假，支持专柜验货”是他们忽悠消费者买假货的几大法宝。而最终促使店主想要把假货店脱手，并且讲出实情的契机是——她怀孕了。

屡次在淘宝代购化妆品的我，虽然看得一身冷汗，几乎肯定自己买到过假货。到最后也终于面露微笑，庆幸自己一直与人为善，不用担心恶有恶报这回事。

因为售卖假货产生的内疚感，担心被识破的忧虑，说谎造成的不安，还有对因果报应的惧怕，都有可能会影响到心情、身体，会不会对宝宝不好？也不知道。

至少，这不如每天沐浴在积极良善的氛围里对宝宝的发育更好。

母子情深，时光轮转

怀孕之后，立马变“白痴”。

不，我说的不是“一孕傻三年”的那种智力上的硬伤。我是说，以前在自己的领域里，谦虚点儿说算不上意见领袖，怎么也算个“知道分子”。关于感情困扰啊，个人纠结啊，工作调动啊，哪怕是婆媳关系，都有朋友认真地拨通我的免费咨询电话，以得到我口水四溅的刻薄毒舌建议而后快。

但是，怀孕之后，世界变了。

比分出现了大逆转。我在这个至关重要的领域里，成了一个彻底的白痴。

原来世界上还有这么一大块新大陆是我完全没有涉及过的。也能找到地图，却是小马过河般的太过感性而不够理性，参考性不足。也能找到场外支持，但是百度搜索给出的答案，永远能让你对自己的不正常从怀疑到确认，本来只是想找找资料，结果简直想马上留遗言。

这一年的春节格外喜气。（孕22周）

胸大了还会缩回去吗？

5个月才长了5斤算是正常吗？

偶尔吃个冰激凌其实没关系吧？

男孩胎动果然比女孩更厉害吗？

到底要不要找月嫂啊？

听说孩子上双语幼儿园并不好？

据说男孩太多不好找对象？

孩子长大会孝顺我吧？

等我老了怎么才能不给儿子带孙子？

等我有了孙子，房子应该都够住了吧？

孙子长大了，儿子会把重心放在他身上吧？

……

操不完的心，而且全都没有正确答案。

没答案不代表问题没有意义。

于是没事的时候当嗑瓜子儿似的想。

想不出来的时候，问。

问谁？

所有有孩子的女性，在我眼里都陡然生出了非同一般的价值。

每个经历过这漫长而复杂的生产过程的女性，都在脑袋四周带上了神圣的五彩光环。

熟的不熟的，都问。

不熟的问比较大众的问题，熟的问更深入的。

周围朋友的怀孕、待产、生产乃至育儿经验，儿童教育、青春期指导、就业方向、择偶建议都被我榨干了之后，我突然意识到，其实，我也是作为参与者参与过整个过程的——虽然是被动的。

考虑到遗传学和生物学，我和妈妈之间的相似性应该更多。

我只意识到，我要作为一个手足无措紧张惶恐的新妈妈，把一个新生命带到世界上来。却忘记了，我也曾经作为一个新生命，被一个手足无措紧张惶恐的新妈妈带到这个世界上来。

于是，所有曾经听妈妈讲过很多遍的我的儿时趣事，顿时有了新的意义——当我把想象中的我的孩子代入我自己的角色，而把自己代入妈妈的角色的时候。

我不再不耐烦地打断妈妈诉说那些旧的发黄卷边模糊的旧日回忆了。我鼓励她说，并且不断地追问细节。我想知道，我和妈妈从开始相处的每一刻，每一天，每一段时光。我想知道妈妈的感受，因为那正如现在的我。我也想回忆起自己的感受，因为那正如现在肚皮里那个看不见的小家伙的。

于是，每次回娘家时，“听妈妈讲那过去的日子”成为一个固定的话题。

我想听的，从仅仅跟小时候的我有关的，扩展到跟爸爸和妈妈的互动，乃至和全家人有关的。妈妈讲的，从我小时候的趣事，也慢慢增加了很多她自己的感受，以及评论。那些听过很多遍的趣事，重新焕发了新的光彩。仿佛只是在这一次的讲述中，我才能真正明白，这些事情对妈妈的含义。

因为它的含义不再仅是对于我妈妈，而是对于任何一个妈妈。

只有我成了妈妈，我才可能从妈妈的角度去理解这些生活中的辛苦，以及乐趣。

妈妈讲起，她怀孕的时候，和婆婆住在一个大家庭里，生活困难，不好意思给自己补充营养；我想起，自己每天挺着肚子，被全家所有人手持餐具“求菜单灵感”的风光威武。

妈妈讲起，她整个孕期都不懂需要产检，只是在临产时才被爸爸用自行车推到医院，没有前辈的经验分享，她一个人度过了阵痛的漫漫长夜。我想到，自己现在面对分娩的恐惧，那时妈妈一定也经历过，但是当时妈妈没有姥姥的悉心照顾，一定感觉很无助，妈妈真是坚强。同时，对于完全没有产检这件事，我也觉得侥幸。

妈妈讲起，她坐月子的时候，爸爸给她买了两个生铁的哑铃，让刚刚能下床的她锻炼身体。我虽然笑了，但是也为妈妈感到深深的委屈，想回到过去抱一抱那个虚弱的妈妈。同时也为自己即将成为全家人的大熊猫的月子，深深地感恩。

妈妈讲起，每次出门前都是先把我打扮妥当再自行收拾，但往往是他们准备好要出门的时候，刚换好新衣服的我，却轻易地用一泡尿把它们变成脏衣服。这次我没笑，而是皱起了眉头。我是那个给大人带来麻烦的顽皮捣蛋的孩子，我更是那个即将面对一个带来麻烦的顽皮捣蛋孩子的大人。

……

妈妈讲了很多很多。

大年初一，头疼，低烧，呕吐，是小树在给我拜年吗？（孕22周）

这些对于她的养育和我的成长来说，仅仅是冰山一角。

人世间最有趣的地方，就是轮回。

所有你付出的，都会回收。所有你得到的，都会付出。

每个人，都是一个孩子，同时也是一个家长。这是多么有意思的经历。

很多人都做过学生，但是未必都有机会在以后成为一个老师，从老师的角度去看当年的自己。我们都做过下属，但是未必都有机会成为一个上级，去研究管理之道。我们都会成为丈夫或者妻子，但是永远不会有机会成为另外一种性别，去体会对方的心情。

只有“孩子—家长”这对组合，是我们每个人都有机会站在不同角度去体验、去修正的。甚至很多时候，这两种角色在我们身上会同时存在。这种角色之间的切换，大大丰富了我们的人生。

《与神对话》中提到，东方有个神秘的教派叫作伽摩教，根据其教义，在死亡的时候，不用面对天堂和地狱的选择，也没有末日审判。但是我们每个人都有机会重新体验有过的每种思维，说过的每句话语，做过的每个动作，但不是站在我们的立场，而是站在所有受到影响的其他人的立场。也就是说，我们先体验我们从前思考、说话、行动时的感受，但是以后我们要体验的是其他人在所有这些时刻的感受。我们会感受到曾经被我们伤害过的人感受到的痛苦，也会体验到我们曾经带给别人的快乐。然后，我们再通过这种方法来决定是否将要再次去想、去说和去做这些事情。

这想法简直太有创意了！简直像恶作剧一样有趣。

有点类似佛教的轮回，但是更“立竿见影”，更让你心甘情愿。如果真有这样的机会，如果真的能在生命中所有角色中跳转一遍，也许这个世界将会变得理想而美好。因为“所有的仇恨，都是因为不理解”。当理解贯通流转，所有的隔阂都随之消失。

好吧，扯远了。

说回现在。

当我以为我还是一个孩子的时候，我要学习成为一个母亲。而当我成为一个母亲之后，我又要重新体会作为一个孩子的心情。

成为孩子，成为妻子，成为母亲，成为祖母。

就像是一朵花，从被大家呵护期待的花苞，到被众人欣赏赞叹的鲜花，最终成为一朵安详地落在地上，心满意足地闭上眼睛接纳身上落下泥土的枯萎的花。经历了整个过程，站在每一个角度看待了人生，被呵护过，也呵护过别人，被温暖过，也温暖过别人，才能心甘情愿地和大地融为一体，不介意自己干瘪枯萎的容貌，无欲无求地成为一朵新花的养分。

以前，我不喜欢听妈妈怀旧，一个重要的原因就是我觉得妈妈对我太好了，我无论怎样回报都无法报答她。所以我不想听那些细节，我觉得有压力。

直到后来，我看到家庭系统排列大师海灵格的这样一段话：“有时对孩子来说，接受父母的给予是很沉重的。父母给予过多导致孩子无力同等回报。孩子宁可父母不要给予太多，便不用时刻想到同等回馈。孩子不明白，自己从父母身上得到关注给予，并非需要同等回馈给父母，而是在将来的某天自己当了父母时，再给予他们的孩子需要的照顾和关爱。因为不了解这个道理，有些孩子无法欣然接受父母的给予，内心存在的那种觉得无法同等回馈的感觉，很可能变成一种驱动力，让孩子离开自己的家庭。”

是的，孩子永远无法报答父母。但是这种付出，在一代一代的繁衍中，自然地流转下去，在整个人类社会来说，就是平衡的。

从妈妈跟我聊天时越来越有神采的眼光，我也能看到类似“催眠”一样的效果。

当妈妈回忆我小时候那些有趣的记忆时，她的那根相对应的神经就会被激活。妈妈仿佛重新回到了她还年轻而我还很小的时候。不仅仅是她的面容，她的整个状态都会不同。重新回到过去，其实这就是催眠中的“年龄回溯”，帮父母把回忆中的积极因素提炼出来，再还回到父母的潜意识中去，他们能够从过去的积极回忆中，重新取回力量。

跟父母聊聊以前的事情，尽了孝，做了胎教，还能学到育儿常识。

何乐不为呢?

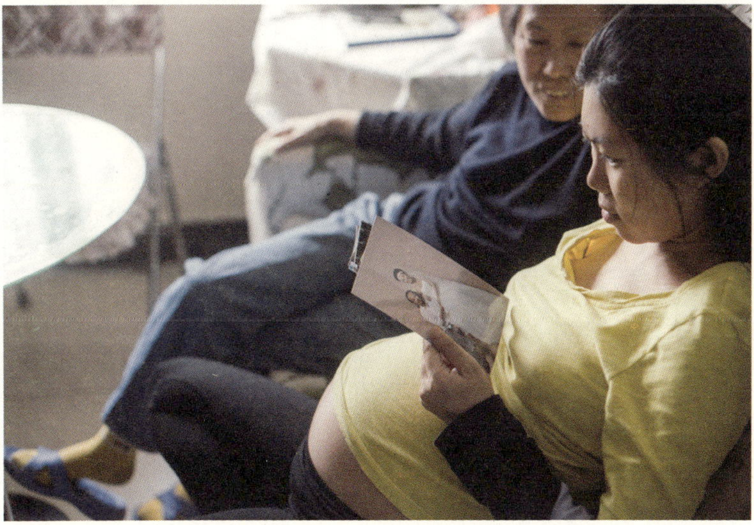

再看结婚时的照片，恍如隔世。（孕32周）

薛定谔的猫到底是男的还是女的

我一直有脾胃不和的小毛病，想趁着怀孕调理一下，“一个人吃，两个人补”。所以去朋友介绍的一个很有经验的老师那里看中医。

看完病，老师带的一个学生要求给我把脉，想试着用中医的方式验证娃的性别。

我乐呵呵地把手伸过去，先左手，再右手，再两手同时。对方正凝神沉吟间，后面已经排了五个老师的学生，都要求号脉猜性别。一时间，我成了抢手货，就差开设赌局大叫“买进离手”。

除了号脉之外，我又依次站起来展示了肚子以供观形，男腹如釜女如箕，就是说，怀男孩的肚子像锅底比较尖，怀女孩的肚子像筛米用的箕，偏圆。

撩开衣服露出肚脐到小腹的黑线供验证（黑线偏黑的是男娃，粗且淡的是女娃）。

穿上孕妇泳衣，游泳去！洗澡的时候被阿姨们看着肚子猜性别的欢乐时光成为比游泳更有意思的活动。（孕24周）

报告左右胸部大小供判断。（左胸大是男娃，右胸大是女娃）

其中一个大夫号脉之后说是女孩。

三个大夫号脉之后说是男孩。

一个大夫没号脉用直觉判断是女孩。

更有一个女大夫，只瞟了我一眼，就很笃定地说："男孩。"

我好奇她何以不用号脉就做出判断，她扭头跟旁边的大夫说："因为她比以前丑了。怀男孩会变丑。"

我？我比以前丑了？

可是，她之前并没有见过我啊！

我从没听到过如此简单直接不加修饰的"人身攻击"，一时愕然。幸好我一直都给自己催眠说"我比怀孕之前更美了"。就算不能让她认同我变美的谎言，至少也要捍卫我"跟以前一样丑"的事实！

我一边笑着说"我还觉得我比以前好看了呢"，一边拿出手机翻找怀孕前的照片。找到一张自己挺满意的灿烂笑容，逼着正低头忙的女医生看，她端详了一下，估计是迫于我的气势，改口道："那要是这样的话，可能就是女孩。"

终于"自证清白"，却无胜利喜悦。看来我还真一直都这么丑！

旁边一个一开始就猜是"男娃"的男大夫凑过头来，看了一眼我手机上的照片，我想知道他看过照片后，对性别的判断有没有更改，随口问他："怎么样？"

大夫点点头说；"嗯，是变美了。"

嘿！他还真体贴呢！

肚子渐渐大起来之后，"猜性别"成为一个非常好玩的游戏。逢人间，便让人猜。于是得以见识科学的宿命的民间的迷信的各种判断方法，大开眼界。

首先是在我怀孕之前大概一年的时间，参加“心理画像”的见面识人课程。那时候我对于这段感情能不能继续还心存疑虑。老师看了我的面相，告诉我跟男朋友继续相处没问题。我又担心自己已经35岁高龄还会有孩子吗，老师说会有。并且，应该是男孩。老师深谙传统文化，又对周易很有研究，所以该算是“古典派”。

怀孕初期，去听一个中医心理学专家的讲座。那位老师得知我怀孕之后，潇洒地只号了我的右手脉，就恭喜我：“是男孩。”这大概算是“中医派”。

肚子慢慢大了之后，熟悉形状学的“民间派”高手们跃跃欲试。无论对于真人还是我在网上发的照片，总有人留言，根据肚子形状、大小、位置，判断男女。说男孩的多，说女孩的也不少。

最有趣的是我家邻居一个阿姨，平时见面机会并不多，偶然见到我的大肚子之后，自告奋勇晚上来我家，用民间密码帮我测男女，说是成功率达98%，测了百十来人，只有两次失手——年过半百的阿姨，兴奋得脸都红了，好吧，来吧，为了给您增加一个成功样本。

晚饭之后，阿姨如约前来，手里赫然是一根银针！

难道我在医院躲过去的羊水穿刺，又在这里被截获了吗？那我可不干！

我紧张地被阿姨要求坐下，手臂平放在桌子上。终于看清阿姨手里的家伙事儿——一根针，针鼻上穿着线，吊着一支削好的铅笔，笔尖悬垂在我手腕的脉搏上，正像引擎蓄势待发时一样轻微摆动。

这一瞬间，我脱口而出：

“水晶球！”

我明白了，这和我在催眠课上学过的水晶球和潜意识的沟通，应该是一个道理。

关于水晶球。

水晶球诱导法，是催眠凝视法的一种，是最古老、被大众所熟知的一种诱导法。对十个人谈起催眠，有九个人会想到水晶球在眼前摇晃。除了作为进入催眠状态的诱导之外，水晶球也可以直接和人的潜意识联结，用于占卜，或者和潜意识沟通。

在练习的时候，首先熟悉属于自己的水晶球，和它进行沟通。桌上放一张画了十字的白纸，肘部放在桌上，悬垂水晶球，手尽量稳，凝神屏气。当水晶球趋于稳定之后，可以先用一个已知的答案确定的问题验证水晶球的“说话方式”。比如，我结婚了吗。

问出这个问题之后，水晶球的摆动会开始发生微妙的变化，可以借助白纸上的十字观察水晶球的晃动规律。有时候水晶球可能会用绕圈的方式表示“是”，有时候可能是左右摆动，有时候可能是上下摆动，或者其他的方式。无论是什么，这就是它回答“是”的语言方式。

多验证几次之后，就可以开始让你的潜意识通过水晶球来帮你解答问题了。

最好是跟你自己有关的问题，比如“我要生小孩吗？”“我要不要继续这份工作？”或者，“我该选择这个高富帅还是杀马特？”这类问题，其实你的潜意识早已经有了答案，之所以会有纠结，是因为意识和潜意识的意见不统一，或者说，感觉和理智选择不同。而水晶球会给出你心底真正的答案，你最该选择的那个答案。

请将画面切回阿姨手持悬针吊着铅笔的现场。一根细细的笔尖，成为满屋子人所有目光的焦点。

当铅笔尖在我的脉搏上细微但是稳定地呈圆形旋转时，阿姨坚定地抬头面对大家的目光："男孩。"

换另外一只手，算是"验算"，答案是相同的。

阿姨的形象瞬间被女巫附体，得意地收拾家伙事儿走了，留下一屋子瞠目结舌啧啧赞叹的人。

薄薄一层肚皮里面的宝宝究竟是男孩还是女孩？不同的人根据不同的标准，给出了不同的答案。但是，在他（她）正式面世之前，谁

都不知道最后的结果。是的，即使是B超，也有“走眼”的时候。

就像是，量子物理学里面那个著名的纠结实验——薛定谔的猫。

如果不揭开密室的盖子，猫或者死，或者活，这是确定的。但是，量子力学家们会告诉你，它处于一种活与不活的叠加态，只有在揭开盖子的一瞬间，才能确切地知道此猫是死是活，在此之前，这是一只不死不活，又死又活的猫……

薛定谔挖苦说：“按照量子力学的解释，箱中之猫处于‘死—活叠加态’——既死了又活着！要等到打开箱子看猫一眼才决定其生死。”正像哈姆雷特王子所说：“To be or not to be,that was a question.”只有当你打开盒子的时候，叠加态突然结束，哈姆雷特王子的犹豫才终于结束，我们知道了猫的确定态：死，或者活。

那么，我肚子里这只“猫”的性别，也只能暂时以“不男不女，又男又女”的状态，再存在一段时间了。让我们把这个有趣的猜谜游戏，玩得更久一些吧！

在所有的“猜性别游戏”中，我最爱的一次是在怀孕7个月左右，某次游泳后的女浴室，一个被妈妈带着洗澡的2岁小男孩，正兀自坐在澡盆里面玩小鸭子，见我来到他旁边的花洒洗澡，就撇了鸭子，睁大眼睛，目不转睛地盯着我奇怪的大肚子，满脸都是问号。

小男孩的妈妈看到了，蹲下身来指着我的肚子对他说：“阿姨肚子里有个宝宝。”

小男孩听了答案，脸上未有任何释然，依然满脸困惑紧盯我的肚皮。

我忽然想到《小王子》的开头提到，孩子的世界和大人是不同的，同样一条曲线，大人看到的是帽子，小孩子看到的可能是一条吞掉了大象的蟒蛇。为了让大人相信，小孩子只好亲手把蟒蛇肚子里的景象还原画出来。

第一幅画

第二幅画

那么，这个小朋友该不会把我想象成吞噬小宝宝的怪阿姨吧？他是在努力复原我肚子里那个遇难小宝的图画吗？

我像个伪善大怪物似的，努力对澡盆里的小男孩做出和蔼的笑容，让他知道我的无害。

终于，小男孩也对我笑了，估计他看到了我肚子里的宝宝的样子，确认他是安全的。也许，他们以他们的方式做了沟通。

小男孩的妈妈蹲下来问他：“你说阿姨肚子里的小宝宝，是小弟弟还是小妹妹啊？”

“小弟弟！”小男孩的答案未经任何思索。

好吧，这是我认为证据最充分的一个答案。

你准备好了吗

一个好朋友在朋友圈里发了信息，说因为怀孕，不得不戒掉最爱的咖啡。我理解她的心情，整个孕期，我只要看到冰激凌和饮料柜台，都会绕场三周致敬缅怀。

就像感情明明很好，却迫于长辈的压力不得不分手的恋人，一旦机会成熟，随时准备复合。偶尔偷喝一口可乐的享受，简直“一旦拥有，别无所求”！每次咕咚灌下去一大口之后，都会发出可乐广告中那种凝结全身力气的“啊”的一声，绝不是表演，而是真情实感。虽然在怀孕之前，我自诩健康，几乎从不喝碳酸饮料。

前几天看到小区里开了一个意大利手工冰激凌店，我站在门口对着老公仰天长啸：“情何以堪啊！情何以堪！”老公头也不抬地拉着我就走，“那就不要堪！”

现在，看到这个朋友和咖啡之间的恋恋不舍，马上想起了我的冰激凌、碳酸饮料，我的白葡萄酒，我的大闸蟹，我的蜜月旅行，我的露脐装……

于是我幸灾乐祸地在朋友圈里给她回复道："这只是开始，以后要戒掉的还有很多，你做好心理准备……

一句话还没写完，我就停住了。

咦，怎么我也说出了这句话？"你做好心理准备"是我经常听到，却不太爱听的一句话。

作为一个新手妈妈，你一定像我一样，热衷于向前辈妈妈打听关于孕产的所有经验，以及教训。有些妈妈会告诉你，挺简单的，没问题，你一定能搞定。而有些妈妈可能会告诉你：

怀孕最后一个月特别痛苦，我每天都睡不好觉，特别容易累。你一定要做好心理准备！

妊娠纹是不可避免的，无论怎么抹油预防，都会长一些。你一定要做好心理准备！

分娩的过程实在太疼了，无论你做多少准备，都比你想的疼！！你一定要做好心理准备！

开奶简直是另外一个挑战，我生孩子都没那么疼。太痛苦了，你一定要做好心理准备！

孩子生出来我就慌了，手忙脚乱，家里人也跟着团团转，你一定要做好心理准备！

趁现在能玩多出去玩玩。生了孩子之后根本出不去家门，至少两年要围着孩子转，你可得做好心理准备！

……

这准备，我怎么做？

面对这些笃定痛苦的结果，现在的我，怎么准备今后的"心理"？

如果真的去做这些“心理准备”，我一定不是“准备好了”，而是恐惧死了。

事实上，对于这些被提及需要心理准备的事情，我的确一度非常害怕，以至于留下了阴影，以为这是自己一定会遇到的困难。

怕了一阵之后，随着预产期的临近，我越来越不怕了。

听了很多妈妈怀孕生产的故事，发现她们每个人都有各自顺利和痛苦的地方。而大部分时候，她们只是把她们印象最深的痛苦之处讲给我听。而顺利和幸运的部分，通常会被忽略，或者不会如此强化。在我们的头脑里，顺利和幸运，仿佛是应该的，而痛苦是“不应该的”，是“意料之外”的，是需要特别提出来让别人“做好心理准备”的。

所以，以后采访“前辈妈妈”的时候，多问问她们“觉得最幸运”的那些故事，会让我们快乐很多。

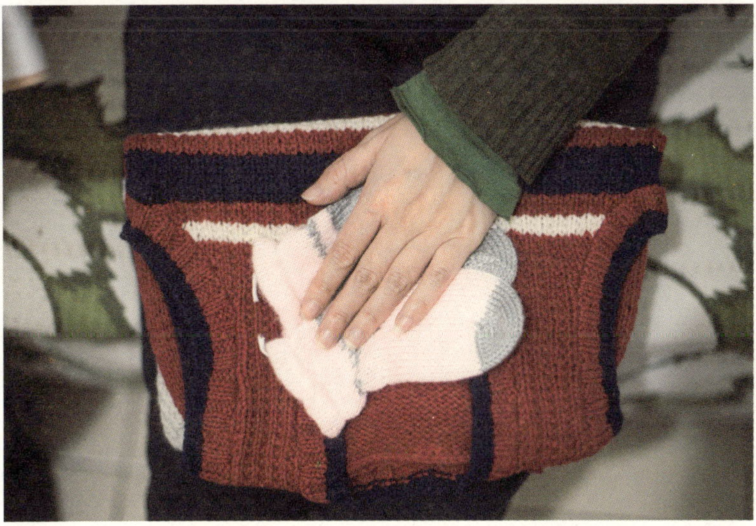

姥姥给小树织的小衣服。

老公回老家，在旧货市场给小树买了第一个玩具。（孕27周）

医生告诉我们：世界上从来没有一模一样的怀孕和分娩。所有的“经验”都是概率问题。具体到个案，一切都可能发生，也一切都不能保证。

这么多人把发生在她们身上的“不幸”聚集在我身上，我可真是招架不来呢。那些发生在别人身上的痛苦，是属于她们的独特经验。我可能遇到，也可能不。我可能比她们更幸运，也可能比她们更不幸——且慢，我怎么可能比她们不幸呢？我当然可以比别人更幸运！

我32岁经历大龄分手，然后写了两本情感疗愈的书，做了心理咨询师，我觉得我很幸运。在别人眼里，也许应该做好“一蹶不振”的心理准备。

我36岁结婚，找到完美的灵魂伴侣，我觉得我很幸运。在别人眼里，也许应该做好“孤独终身”的心理准备。事实上，当时的确有很多很多的人跟我说："你年纪大了，不好找。"

我结婚当月就怀孕了，还是意外怀孕。我觉得我很幸运。在别人眼里，也许应该做好"持久战"的心理准备，因为年纪大不容易怀孕。事实上，我当时还想玩两年，没着急要孩子。如果被家人催着"备孕"，也许真的会迫于压力焦虑得很难怀孕。

作为35岁以上的大龄产妇，我的唐筛、糖筛、血压，以及各种检查，全部都正常。我觉得我很幸运。但是身边很多亲戚追在我后面唠叨着："年纪大容易流产，你要小心啊！"

既然之前都可以那么幸运，为什么之后不会呢?

我与其去做那些痛苦的"心理准备"，不如放手给自己祝福。相信自己能够幸运地避免那些痛苦。

如果那些可怕的经历没有发生，一切水到渠成。那么我之前的紧张担心，岂不是吃亏了。即使它们真的发生了，坦然面对就是了，我之前放松的每一天，都是赚来的。

事实上，除了坦然面对，过好当下，什么"心理准备"都不用做。

但是不妨，在行动上做些准备。

为了避免临产的慌乱，我去上孕妇课，了解整个孕期和产程的注意事项。

为了减轻分娩的痛苦，我去做催眠缓解紧张。

为了缩短第一产程的时间，我坚持游泳锻炼。

为了让奶水更顺畅，我每天按摩乳房，以及脚上的穴位。

为了避免妊娠纹，我每天坚持抹油。

……

没有人能够准确地说出，这些准备的“实际意义”，但是我自己知道，这个准备的过程，让我能够坚信自己“做好了准备”，所以能够避免那些可能遇到的不顺利。这些身体力行的行动，帮我在心理上更加坚定自己一定会顺利的信念。

从这个意义上说，通过“行动”去进行“心理准备”，是最有效的方法。

奶奶用新棉花给做的小花被，看起来好暖和。（孕28周）

漂亮的选择

“十月妈咪驾到，你们通通闪到一边。”

孕妇偶像小S在大屏幕广告里又唱又跳，卖力地搔首弄姿，力图证明孕妇也可以脚踩高跟鞋，身穿低胸装，抛媚眼秀身段魅力无限。

XS身材外加6个月大肚子的我，站在地铁转弯处的大屏幕前，把双手插在XL号的2000年版鸭鸭羽绒服口袋里，认真地看着这段滚动播出的视频。三个来回之后，我戴上一次性口罩，戴上妈妈给我织的毛线帽子，用公交卡刷开闸门，走出地铁。

“M，是你吗？”地铁出口处的光亮中，迎面过来一个姑娘。宝石蓝的呢子大衣，斜挎绿色剑桥包，声音外表都闪闪发亮。不知道是她还是她身后的光太耀眼，晃得我一时看不清楚。

“啊！”听声音像是小青。

“你戴这个‘人嘴一个’的口罩我还真没敢认！”小青热情地拉着我的手，“听说你怀孕了，我们还说去看看你呢！”

一盏聚光灯从小青头顶投下来，我站在她咫尺之隔的黑暗中，摘下口罩，对小青露出笑容：“好久不见，你穿这么美约会去啊？”

“今天晚上Mao有个party，有我一个朋友的乐队演出，你要不要一起去看啊！我认识那个主唱，是你喜欢的那种看着像抽大烟，容易得抑郁症的文艺范儿。”

“真好啊，你快去吧！我妈等我回家吃饭呢！”我下意识地摸着肚子，“我这几天特别容易累，想早点睡。”

小青对我的拒绝并未失望，这显然在她的意料之中。她用化着烟熏妆的大眼睛从头到脚打量我一遍，然后拎起我用一根红色绳子挂在胸前的公交卡：“你可真逗。15岁以上，50岁以下，都没有人把公交卡这么挂着好吗？”小青脸上呈现出故意夸张的嫌弃表情。

“哎呀，我嫌来回掏太麻烦，大肚婆气短，能省点事是点事。”

“我说大肚子辣妈，就算你母爱泛滥，咱们能不能稍微注意点形象，别太自暴自弃了哈！”

“你丫站着说话不腰疼，我现在光站着不说话都腰疼。你趁着没孩子好好耍去吧，玩开心点。等你怀孕再给我示范孕妇时尚。”

“哎，好吧，你就跟着汹涌的母爱随波逐流吧！改天去找你玩哈！”

小青急匆匆地往地铁里面走了。崭新的漆皮高筒靴甩出一阵清脆的回声。

跟她相比，我像一只刚挖出来的土豆。

小青是我上一家公司的同事。大概是五年前，当时我们两个都单身，经常一起聊天玩耍，算是关系最好的同事。我们都信奉“青春是用来燃烧的”“时间要浪费在有意思的事情上”“原谅我这一生不羁放纵爱自由”“没疯狂过的人生不值得过”，等等。

我们在情人节的时候一起逛街，嘲笑那些拿着玫瑰的男人傻气，收到玫瑰的女孩俗气；我们每天中午一起吃午饭，讨论着公司的姑娘们一旦怀孕不但大腹便便变得很蠢，而且形象也每况愈下。仿佛随着肚子变沉，人也堕落了。“不管长得美不美，得有范儿”是我们的口头禅。我们都对时尚有着独特的见解，经常一起逛潮流小店，搭配自己的风格。我们信奉时尚大神说的那句话：“即使是下楼倒垃

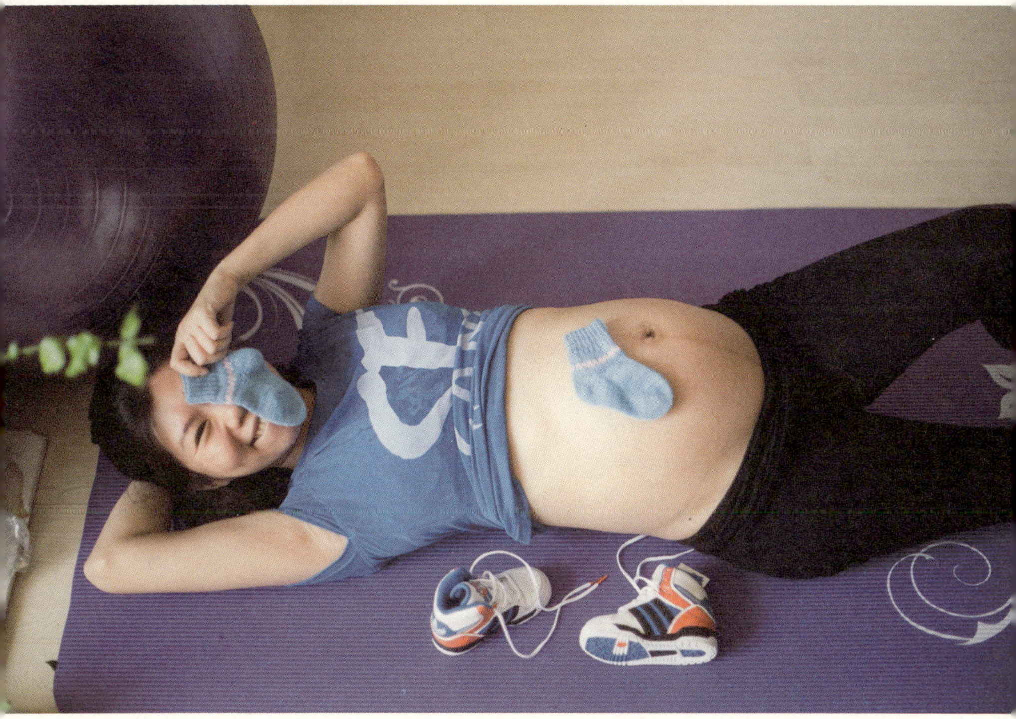

母爱泛滥，只能对着儿童用品宣泄。（孕33周）

圾，也应该化妆打扮漂亮，因为你永远不知道自己会遇上什么人，有什么机会。”

在小青眼里，我一定是退步了。顶着几天没洗的头发，戴着口罩，穿着妈妈的肥棉袄，挂着公交卡，就堂而皇之地上街招摇，和高大上渐行渐远。

事实上，即使是在3年前的我自己的眼里，我都是退步了的。那时候我每天睡前花半小时搭配第二天的衣服，却还是经常在早晨出门的最后一刻更换，不打扮成自己最满意的样子绝不出门。即使因此上班迟到被扣钱也在所不惜。“穿美了，人就自信。一天没搭配好，心情都不好。如果袜子穿错了，一天都不好意思跟人打招呼。”这不是玩笑，是真事。有一次，我穿了一件深紫色的上衣，搭配一件浅紫色的裤子。到了公司，小青看了我一眼，就一针见血地喊出“茄子”两个字，要命的是当时我脖子上还有一条墨绿色的围巾。

这个蔬菜的名称就像魔法，让我像霜打了的茄子一样——蔫了。一整天我除了上厕所，都很少离开座位。约好的一个外出拜访，也找借口取消掉了。那时候的我，肯定不会接受自己穿成现在这样出门。“对自己和社会形象，都太不负责任了！”

但是在心里，我觉得自己是进步了。

妈妈的肥大羽绒服里，装的不仅是一个大肚子，还有更加宽阔的心灵。

刚开始，不时侵扰的孕期不适让我应对不暇，没更多的精力在乎其他。着急上班，孕吐之后擦擦嘴就出门了。

随着孕周增加，身怀美妙的生命的责任感和使命感，让我以肚子和健康为最重，我的处心积虑和精心体贴都更偏向体内而不是体外。身体的功能从单纯的欣赏价值，拓展到给宝宝提供营养的使用价值。血流血压血糖都正常，比眼大腿长腰细更值得祝贺。

与即将成为母亲的深厚喜悦相比，外表靓丽带来的快乐显得微不足道。手拿宝宝B超照片站在医院门口时的那种兴奋仿佛置身全宇宙中心，谁还在乎别的姑娘跑来问身上的衣服在哪里买的那种虚荣心的小满足。

一次身体有点不适，着急去医院检查。挂急诊，胎心监测，折腾一晚上之后终于放心。回家的路上，突然发现自己还穿着那条妈妈传给我的家常的人造棉碎花裤，20世纪80年代出品，经过和两代人的磨合，已经出落得如丝绸般柔软。我感慨地跟老公说："怀孕之前，我绝对不会穿这种大妈风的接地气裤子出门！"

"那现在呢？"老公问。

"现在？"我一脸无辜，"现在我出门时都不知道自己穿了裤子没有！"

当我自己的世界变得足够丰富和吸引人之后，我不再那么关注外面的世界了，我学会向内看，学会在乎自己的感受胜过别人的。学会由内而外散发坚定的自信，而不是由外而内。

外表依然能带给我快乐，但是它的排名迅速后退。

仔细想想，我好像上次出门前照镜子还是上周。无论照出来的形象是不是"有范儿"，我都能很坦然地出门办事。身边跟随多年的那个评判的声音仿佛被按了静音键，整个世界变得清静自然。

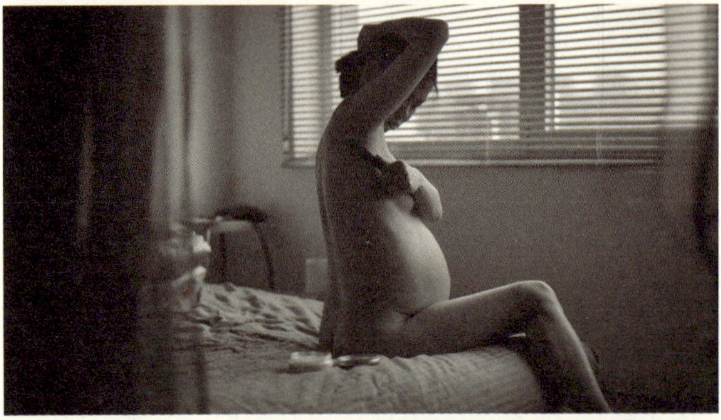

按摩脚部，腋下穴位，按摩胸部，为小树通奶，每次都按到乳汁“泪盈于睫”。这是从30周以来的例行工作，从不间断。我骄傲，我是一头称职的“奶牛”。

心情好的时候，我当然可以精心打扮，毡帽皮靴，带着喜悦出门。当懒得收拾的时候，我也终于可以不必收拾妥当取悦于人，无论身上穿着什么，脸上心里都自信坦然，这是以前从未有过的。

重要的是，我的心情可以不再由穿着决定。我可以选择打扮，也可以选择不。无论穿得是不是好看，我都能保持心情愉悦。

这是一种自由。

我终于有了穿得不好看出门，而依然开心的自由。

所谓自由，就是不必为偶尔的疏于打扮而感到羞愧，因为不需要用光鲜的外表来证明自己的魅力；也不必炫耀精致优雅的服装搭配，因为内心的幸福满足已让我韵味十足；我的美丽只为给我自己和爱我的人带来快乐。

意识到我不再受到外表的束缚，是一种非常轻松的感觉。简直像是解除精神软禁。为了尽情享受这种自由，我甚至特意有几天穿着过时的衣服出门溜达，结果居然过一会儿就忘了这件事，有机会路过镜子的时候，才想起来，今天是个“挑战”，于是对着镜子里的自己笑笑，告诉她我已经“自由”了。

远远的，我看到那个不打扮满意就不肯出门，下楼倒垃圾也要穿得漂亮的自己，站在原地向我挥手作别。

有选择永远比漂亮更有意义。

无论选择漂亮，还是选择“不漂亮”，都是漂亮的选择。

大肚能容

说起来，我不算是一个心胸宽广的人，虽然各种道理懂得不少，可是陷在各种情绪里面的时候也不少。

有时候我看我爸妈不顺眼，觉得妈妈话太多而爸爸话又太少，所以经常对妈妈的关心很烦躁，对爸爸的冷漠也很烦躁。当面跟妈妈发了脾气之后，自己又偷偷内疚。

有时候我看我老公也不顺眼——当然，这时候他通常看我也不太顺眼，我们都深谙以语言和语气为材质做成砖头扔给对方的工艺，一个月大概就要用这些砖头盖一次房子。然后房子底下的岩浆来一次火山爆发，一切夷为平地，重新开始。

有时候我看朋友也不顺眼——十年的交情，过生日居然都没请我。而且每次都要我主动给她打电话，而她从来不联系我。

有时候邻居也会惹到我——把自行车和全家人的鞋都放在楼道里，搞得连我开自己家门都受影响。

有的时候，我看不相关的人也不顺眼——我觉得Angelababy没演技，郭敬明靠抄袭，小贝的老婆维多利亚总是面无表情、让人不悦，而楼下那个摆摊卖臭豆腐的每天把空气都炸臭了，臭空气吸到鼻子里，把我的脸也弄得很臭。

青春期的时候看《红楼梦》，总是把自己代入林黛玉，每天伤春悲秋仰天长叹的，虽然内心更崇尚圆融柔和的薛宝钗，但是知道自己一辈子也做不到那种隐忍自己取悦别人的事，若勉强为之，迟早会憋出内伤。

万万没想到的是，怀孕之后，大肚能容，我生生从林黛玉跳跃到了史湘云：没心没肺，开开心心。虽然也有不开心，但并不是因为“看别人不顺眼”了。

并不是说，我看别人变得更“顺眼”了，而是因为，我不再“看别人”了，我更多看向自己的肚子。我更坦然地面对身边的一切，接受如其所是，脑子里面却很少评判了。

一开始，心情的平静是靠“控制”，因为深知情绪波动对孩子的影响，所以尽量不波动。本来以为可以狐假虎威地用“我怀孕了”来让所有人对我卑躬屈膝讨好，结果发现根本没用。爸爸妈妈依然如故，老公虽然对我更关心了，但是不过是从“一点就着”进步为“二点就着”，阻燃能力提高幅度不大。而我因为孕期的各种不适，经常心情各种不好。但是想到孩子，就努力告诫自己，转换心情。可是心情，哪里有那么容易调节，于是在郁闷之外，又多了一份内疚。

我不断提醒自己保持愉快，可是很难做到。

慢慢地，我发现，我自己的阻燃能力倒是提高了。我从一张纸，变成了一块石棉板。把所有可能会伤害孩子的看得见看不见的火，都熄灭在一层薄薄的肚皮前面。

妈妈又在唠叨了，她说得其实也有道理——对了，今天产检又是一切顺利，小树，你真棒！

老公刚才好像跟我说话很不耐烦，他的游泳卡找不到了干吗拿我出气——哎哟，小树又在肚子里面锻炼身体呢，真是个活泼的宝宝。

朋友的生日又快要到了——最好别请我去参加party，卡拉OK里面那么吵，会影响小树睡觉的！

邻居的自行车和鞋还在楼道里——现在的住房条件这么紧张，小树的儿童房我们要从多大开始准备？

外面炸臭豆腐的味道又飘进来了，忽然还挺想吃的——宝宝，不知道你的口味，会随着妈妈吃素还是随爸爸爱吃鱼呢？

维多利亚发布了她做设计师的新一季服装，各大时尚买手趋之若鹜——据说她四个孩子都是剖宫产生的，那她的肚子也真是够遭罪的。

……

当肚子里面多了一个和你休戚相关的小肉团的时候，肚子外面的一切，和我的休戚相关性，就仿佛少了很多。

你若安好，便是晴天。

所有的事情，都有可能是引起我们情绪的原因。

但是当我们有更重要的事情关注的时候，那些原因都不复存在了。

事物的重要性，不在于它本身，而在于比较。

“相比之下”，高低立现。

当我不断提醒自己保持心情愉快的时候，我做不到。

但是当我把注意力放在自己更关注的地方时，对其他影响就免疫了。

把所有喜怒哀乐系在自己的肚子上，并不是一件好事。

我的意思是说，肚子里面的世界，比外面的世界更“重要”的时候，反而会忽略很多本来就不值得在意的负面影响。

我的意思其实是说——世界上还有比肚子里的宝宝更重要的事——即使对一个孕妇，也是如此。

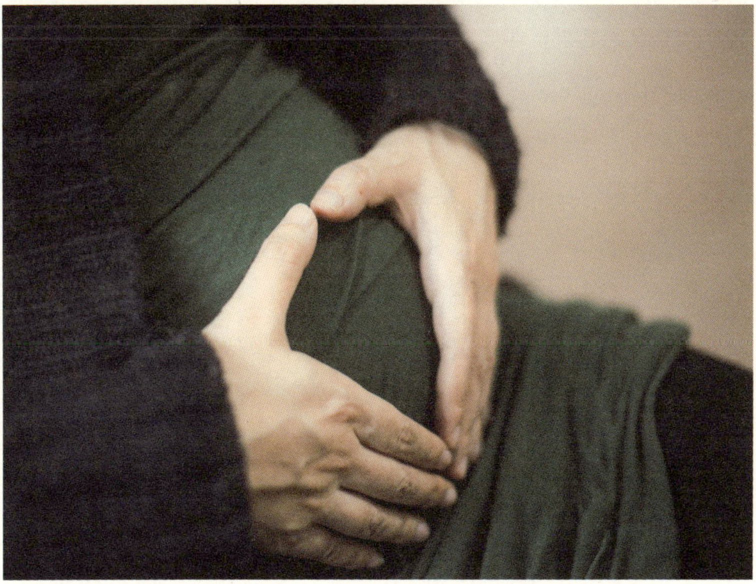

那就是，我们自己。

当我们自己的快乐是最重要的事时，其他的那些负面影响都可以忽略。

既然我可以以肚子里的孩子为焦点，忽略那些并没有真正对我的生活产生影响的负面事件。那么我们为什么不能，以自己的开心快乐为焦点，抵御那些并没有对我们的生活产生影响的负面事件呢？

有什么事情，能比我们自己更重要呢？

当我们觉得不开心的时候，可能不是要去抱怨那个让我们不开心的原因，而是在内心里做一个比较，跟眼前的这个事情比，如果我的心情更重要，那我就要选择一个快乐的心情。

我若安好，才是晴天！

一个老和尚养了一盆兰花，他对这盆淡雅的兰花呵护有加，经常为它浇水、除草、杀虫。

兰花在老和尚的悉心照料下，长得十分健康，出落得清秀可人。

有一次，老和尚要外出，把花托付给小和尚，请他帮忙照看。

小和尚不小心把兰花打翻砸坏了。他看到一地的残枝败叶，十分痛心，也很害怕老和尚责怪他。

过几天老和尚回来了，小和尚向他讲述了兰花的事情，并准备接受他的责怪。可老和尚什么也没说。

小和尚感到很意外，因为那毕竟是老和尚最心爱的兰花。

老和尚淡淡一笑，说道：“我养兰花，不是为了生气的。”

我们呢？

我们活着，是为了什么呢？

血糖有点高

自从成为孕妇，就发现身边潜伏着很多孕妇。

于是孕检的各项指标就取代了衣服牌子和护肤品效果，成为彼此交流和比较的话题。

我的两个朋友，孕周比我大的“孕前辈”A和B，都被查出了妊娠糖尿病。

两个人愁眉苦脸跟我诉苦，说医生给的医嘱简直非人：

少食多餐

记录并汇报血糖值

每餐后半小时运动

每周测2～3次三餐血糖

控制饮食质量和数量，严格计算总热量

……

还能不能愉快地度过孕期了？说好的借着不用控制体重的机会敞开了大吃大喝呢？

两个人拿着医嘱像判决书一样，执手相看泪眼，落寞告别。

朋友A是个吃货，而且数学很差，控制饮食计算卡路里的日子才过了一周，就以“不是我吃不饱，是肚子里的娃吃不饱每天在里面哭”为理由，坚决放弃了算计着吃喝的生活。而且连着测了几天之后发现血糖没什么变化，但是每天算上加餐五顿饭前后测来测去，把她忙得团团转，生活质量发生了很大变化，所以最后干脆连血糖仪都扔得不知道哪里去了。

“爱咋咋地吧，”她说，“我保证不会大吃大喝，我保证尽量吃健康食品，但是每天绞尽脑汁地计算和控制，影响心情，影响生活质量，最后直接影响到孩子的幸福指数，毕竟，我是妈妈，要对他的孕期人生负责啊！”她振振有词，“对了，那句话叫什么来着？不能让孩子输在起跑线上，哈哈！”

同样“对孩子负责”的孕妈妈B，采用的是完全不同的方式。

每天三顿饭，两次加餐前后，十次测血糖。

饭前半小时，有时在地铁上，那她就带着血糖仪上地铁。

饭后2小时，如果要开会，那就带着血糖仪在会议室里测。

三顿饭后走路20分钟。

早上提前两站下地铁，步行到公司。午饭后遛弯，风雨无阻。晚上餐后散步，即使朋友聚会，也要出去走够20分钟再回来聊天。

找本子记录下每天的十次血糖数据。

买来电子秤，逐一称量每顿饭的每一种类的食材，查找相应的单位卡路里，保证总数不超标。

每天的加餐在3片苏打饼干，2个核桃，3～5颗葡萄，1/3香蕉，三元无糖最小包装的酸奶中选一种。当然，以“个，颗，根”为单位都太不科学了，要根据每种水果的大小，称重后才能决定具体数量。

“既然当妈妈，就要给孩子最好的环境，按照医嘱生活才放心。”说这话的时候，B正拿出一个乒乓球大的苹果准备加餐，红彤彤的苹果缺了一大块，活像苹果公司的标志。

“咦，你是在向乔布斯致敬吗？”我问她。

“嗨，这个苹果卡路里超标，我实在找不到更小的苹果了，所以切掉一些，你别说，想切得精准还真不是件容易的事，我切了4次才符合标准。”

“你天天算计来算计去，累不累啊？这种日子我一天都过不下去！”A把手里的麻辣烫举到B眼前，故意吃得很大声。

B一副柳下惠坐怀不乱的样子，义正词严地反驳道，“我自己的好恶不重要，对孩子好才最重要，你太自私了！”

“有开心才有健康啊！孩子在你肚子里也跟着小心翼翼处心积虑，生怕过界，这才对他不好呢！”

两个妈妈斗着嘴，方式不同，却都是出于一样的目的。

再见他们，是五个月之后，B刚产检完，怒气冲冲地把一个厚厚的本子摔在桌上，“记了这么多数据，每天那么小心地吃东西，比医生要求得还要严格，结果，血糖反而更高了！”

“你看看，我说这样没用吧。哎，说出来真怕你接受不了，那个，我的血糖，上次孕检已经正常了！”A幸灾乐祸地凑上去，翻看本子上密密麻麻的字。

“我都是按照医生要求做的呀！今天我质问医生，为什么按照她的要求做到了，血糖还是没有降下来？医生支支吾吾的，说运动、饮食，只是一方面，内分泌啊，心情啊，也是影响因素——这不是找借口吗！”B义愤填膺，仿佛遭受了不公平待遇。

事实上，跟“不忌口”的A相比，这个结果对B的确是有点不公平。

在洒满阳光的午后，晒晒肚子。（孕18周）

A正拿着本子惊呼："天哪，你连每天的菜谱都记在上面啦？还有零食……一瓣橘子也写啊，你还干点什么正经事不！"

"这就是正经事！"B一把把本子抢过来。

"咱们来玩一个游戏吧！"我招呼两个人。

A听到游戏，马上放弃了把本子抢回来的想法，咧开嘴，笑着看着我。

B一副不情愿，眼睛斜睨着，"人家心情不好，玩什么游戏啊！"

"咱们玩一个'不许想大象'的游戏，给你们5分钟的时间，想什么都可以，就是不能想大象。尤其是不能想一只粉红色的，毛茸茸的，有着蓝色象牙的大象。好了，现在开始！"

A夸张地闭起眼睛，好像闭上眼就看不到大象似的，嘴巴依旧扯着弧线。

B依旧苦着脸，一动没动。

不到2分钟，A就大叫起来，"看我脑袋被撑大了没有？一只粉红色，毛茸茸的，蓝色象牙的大象正满世界跑呢！"

B依旧没说话，不过显然，那只大象也没放过她。

"所以今天的聚会主角是大象喽？"A不解地问。

"再玩一个游戏，大家用5分钟的时间，都不许想'我血糖高'这件事，开始！"

"噗哈哈哈！"还没等我说完，A就指着B大笑起来。

"你什么意思啊？你们不但不同情我，还拿我开玩笑！"B显然生气了。

"你每天活得那么谨慎，连吃瓣橘子都那么紧张，生活的焦点都变成'我血糖高'了。"

“那还不是为了孩子啊，我真的很担心影响到他！”

“所以你心里其实是充满了担心，是吗？你做这些努力，也许是为了缓解自己的恐惧？”我问。

“当我想到我在‘遵医嘱’的时候，我心里才能踏实一点。”

“与其担心孩子的情况，不如多给孩子一些祝福！祝福他是个健康的宝宝，而且，至少可以通过自己开心，先让他成为一个快乐的宝

春天带来生命的气息。

宝啊！”

“给孩子祝福……”B看着前面的空气，“我自己好像都从来没得到过祝福。”

故事的结局，是皆大欢喜的。

A和B的宝宝出生后，都非常健康。

但是更大的挑战来了，在孩子漫长的成长过程中，她们会分别用什么办法，来“保证”孩子的健康呢?

她们又会以怎样的方式，教育孩子来面对这个充满危险的世界呢?

事实上，这个世界，除了危险之外，还有更多的乐趣，不是吗?

你的世界是什么样的，取决于目光看向哪里。

小树出生倒计时12周

怀孕大不同

怀孕之后，发生变化的不仅是肚子，还有脑子。我惊讶地发现，自己从外表到观念，都发生了很大的变化。

	怀孕前	怀孕后
在街上看到帅气大男孩	想跟他发生亲密关系。	想跟他发生母子关系——如果我儿子长大是这样就好了。 但愿世界上的男人不会只剩下两种：可以做儿子的和不可以的。
全职妈妈	没有理想的可悲的家庭妇女。	尽情享受天伦之乐的幸福女性。
吃饭	为了自己享受的自主选择。	给孩子输送营养的程序。
晒娃	失去自我的人才会整日以晒娃为乐，因为实在没什么更值得晒的了。	我晒的不是娃，我晒的是生活。这么可爱的娃，不看是你的损失。

爱美	我的身体我做主，文身、染发、涂指甲油……能让自己看起来更美的都要去尝试。	染发剂、指甲油、香水、特效护肤品……原来这些都会对人体有伤害，通过伤害健康获得短暂的美——问题是也不美啊！
死亡	做人最重要的是洒脱自由，遇到再大的危险，大不了一死。没什么能挡住我探索世界的脚步。	我死了，孩子就死了。我死了，孩子就没妈了。我死了，孩子就没奶了。我死了……我不能死，好死不如赖活着。
八卦	天哪！那谁出轨了，男小女大就是不靠谱，据说是他老婆还在怀孕的时候就跟小三好上了，你说他们到底是谁先勾引的谁？	天哪！那谁出轨了，他老婆心情低落会不会影响孩子？据说婚外恋曝光的时候孩子刚出生，在哺乳期的妈妈要应对这些事情，真的好辛苦。
夜店	有孩子的人真可怜，这么多好玩的事都做不了，整天围着一个除了哭什么都不会的肉坨，给他提供可供排泄的素材，以及处理排泄物。	没孩子的人真肤浅，居然会觉得在噪声里群魔乱舞是一种快乐。他们人生大部分时间是为了给那些多余的荷尔蒙找点出路。
宠物	世界上最可爱的生物。看到毛茸茸的小狗，心都碎了。嗯，如果可以选的话，我希望自己能生出来一只熊猫。	寄生虫。
双11	买面膜、买面霜、买香水、买衣服、买裙子、买巧克力、买营养品、买鞋、买包。	买尿不湿、买童床、买提篮、买儿童座椅、买湿巾、买毛毯、买奶瓶、买奶粉、买吸奶器、买爬服、买奶瓶刷、买消毒锅、买温奶器、买恒温水壶、买儿童剪刀、买儿童浴液、买抚触按摩油、买口水巾、买小袜子、买童车、买睡袋、买床铃、买小海马、买围兜、买摇铃、买积木、买耳温枪、买体重计、买腰凳、买澡盆、买……我的天哪，一个小破孩儿为什么需要这么多东西啊？

熊孩子	影响别人正常生活的物种，是影响社会秩序的可怕存在。	淘气的孩子聪明。
子宫	听说身体里有。	宝宝的宫殿，全世界的焦点。
乳房	越大越好。	能出奶才算没白长。
母爱	伟大，崇高。	本能。
拍照	拍我的脸。	拍我的肚子。
社交	我对朋友要求很高，必须是有脑子的人。我们在一起交换看法，谈论见解，我对于看过《挪威的森林》和《生命中不能承受之轻》的人，尤其觉得亲切。	我对朋友要求不高，只要是有孩子的人，都能聊上几句。我觉得经历过辛苦的孕期和生产的女人，都值得崇敬。对于熟练掌握《亲密育儿法》和《怀孕圣经》的人，尤其觉得亲切。
男神	朴树。	崔玉涛。
小树	大眼睛，高鼻梁，卷花头，个子在175厘米以上，别太白也别太黑，聪明，乖巧，爱笑不爱哭，腿长随我，双眼皮随他爸，最好是双子座，最好有点艺术细胞，不能是色盲。	都长全了就行。
衣着	即使以后怀孕了也要当辣妈，穿着时尚的孕妇最有范儿。	舒服最重要，那么瘦的裤子那么高的跟儿，谁难受谁知道。
人生	风，花，雪，月，诗，酒，茶。	柴，米，油，盐，酱，醋——茶不能喝，孩子会兴奋。
负重	老公！这瓶矿泉水放在我包里太重了，你给喝了吧！	都8个月了我的肚子怎么才长了20斤啊！快点长啊！
家庭	我，我爸，我妈。	我，小树，小树他爸。
性格	硬。	软。

用看得到的方式，和宝宝沟通

在妈妈肚子里的时候，妈妈这个人，就是宝宝的“原生家庭”，妈妈的血压、心跳、呼吸、血流……所有的指标，都是和宝宝沟通的方式，让宝宝感知着妈妈的情绪。这些都是“被动沟通”，是我们无法控制的，宝宝的感受，也是我们无法选择的。

所谓“胎教”，其实是指在我们准备好的时候，多做一些“主动沟通”，有选择地向宝宝传达我们想要传达的信息：我们有多爱他。向他介绍这个世界，向他介绍我们的家。跟他一起畅想，有他之后的幸福生活。

宝宝是真的听得到，听得懂，也能感受到妈妈浑身散发的那种幸福，他可能会在肚子里吮着小手乐开了花，只是你看不到。

很多妈妈都会经常温柔地抚摸着肚子，低下头，充满爱意地和宝宝说话。这个方法非常好，而且随时随地可行，很方便。当然在肚子的方寸之间，除了肚脐眼就没别的目光落点，所以我们有可能说着说着就走了神，从妈妈爱你，聊到昨天朋友的八卦。说着“爸爸也爱你”，一抬头看见《我是歌手》，马上转换话题，吐槽比赛评分不公正。而肚子里的宝宝，估计也听得晕晕乎乎的。

作为一个沙游师，一个沙箱游戏的陪伴者，我非常推荐通过“沙箱游戏”的方式去和宝宝聊天。把看不见的沟通过程，翻译成看得见的图景，亲手搭建出“幸福现场”，和宝宝一起徜徉其中，去尽情感受属于母子二人的情感激荡。

怀孕的时候，我经常去做沙箱游戏。每次都能感受到浸润全身的情感流动，暖意荡漾。当然，我肚子里的宝宝，也能感受到这个世界

沙箱游戏作品《生命》。

对他的爱和期待。

印象最深的是孕7月的时候，我参加一个沙箱游戏的工作坊，我创作了一幅作品叫作《生命》。我用沙子画出宇宙和天体的图案，又加入几颗闪亮的宝石作为点缀。一沙一世界，一花一乾坤。现代科学已经证明，每一颗沙子在高倍显微镜下，都显示出丰富的结构，足够孕育一个世界。而无数沙子构成的这幅图案里，又有多少的生命存在呢？作为一个即将带来一个新的生命的孕妇，我感受着直冲胸腔的生命的强大的力量，享受着以一己之力，改变着这个世界的兴奋，哪怕极其微小。我体会到，孕育生命的巨大的幸福和责任。

而那几颗闪亮的宝石，象征着整个宇宙的智慧和神奇，它超越种族和语言，永恒地存在着。

在我分享了沙箱作品之后，所有工作坊的成员一起拉着我的手，用温暖的眼神看着我，默默地祝福我和我肚子里的孩子。那一刻，我感到了来自整个世界的善意，我感到了小树即将到来的这个地方，对他的祝福和欢迎。我感到一种深深的安全感，我知道这个孩子，一定是健康的、幸福的、完美的。因为他是被这个世界爱着的。那一刻，子宫里充满的不是羊水，而是液体的爱。

这次的体验非常丰厚和激烈，毫无疑问的，身在其中的小树，会通过那些看不见的渠道感受到一切。而且他不是通过思维和视觉感受的，他使用更直接的方式——置身其中，用全身心去体会。

用爱来做胎教，这对于宝宝是世界上最好的滋养。

孕8月的时候，我做的另外一次沙箱，叫作《闪亮的日子》。

我把想象中最普通又最幸福的一天，用沙子和玩具呈现在眼前。那个看起来笨笨的男孩代表我老公，他开车带着我和小树，后排坐着我爸爸妈妈，全家人快乐地去旅行。一路上蓝天白云，所有的动物都被我们的快乐吸引，探着身子看向这边。路上缀满鲜花，还有同行的朋友，我又选择了闪亮的“宝石”，象征着凝结为固体的我们的笑声，我们的喜悦和幸福。其时，我们想买车摇号两年都没有摇上，并不知道是不是真的能“有车可坐”，而且我也不确定小树能顺利地降生。但是这都不影响我呈现出一个最满意的状态，而且我知道，它一定会实现。至于怎么实现，那不是我需要负责的——那是宇宙的任务。然后，一个朋友把富余的车借给我，在我生产前一个月，我离理想中的画面更近了一步。如果你知道“吸引力法则”的话，你一定也

沙箱游戏作品《闪亮的日子》。

了解，头脑中“梦想已经实现”的感受和频率，会带来现实的改变。而一沙一塔，一花一草，亲手建筑出自己的梦想画面，是让自己能置身于理想生活的最快的方法。所有你看到、感受到、亲身体会到、相信自己能得到的，就是你即将拥有的。

孕9月的时候，我做的沙箱叫作《我们的爱》。

这是一个三段式的沙箱体验。

在第一个阶段，我有一分钟的时间，只能从所有的玩具中选择最喜欢的一个物品。很自然的，我选择了一个最喜欢的宝宝，代表我心目中的小树，我把他放在整个沙箱的中心，代表他在我心中的位置。

在第二个阶段，我有三分钟的时间，增加更多的物品。小树一个

沙箱游戏作品《我们的爱》。

人站在沙箱中间好孤单，我想给他所有最好的东西。我想给他所有我能给的：给他房子安身，给他好吃的，给他好玩的，给他小汽车，给他鲜花和日月，给他全世界……如果那样的话，整个沙箱都放不下，而这些，永远都给不完。这些身外之物，真的是他需要的吗？我突然停住伸向玩具房子的手，在心里问自己。

事实上，我可能什么都给不了他，也什么都不需要给。对于孩子，我们最应该给的，是妈妈的爱。于是我找来一个心形的容器，把小树置身其中，让我的爱容纳和承接着他，这样看起来，他再也不孤单了。然后，我找来最爱的闪亮的宝石，代表我能传承给他的最宝贵的东西：积极的正能量，成长的智慧，面对困难的勇气，自由的灵魂，独立的态度，稳定的责任感。这是我能够通过言传身教传承的，最重要的是，这些是别人永远拿不走、丢不掉的。我想，当小树有了这些“遗产”在身上，那些“房子、车子和全世界”，都不在话下了。

第三个阶段，我有了不限制的时间，去完善作品。

我想，在属于我的世界里，不能只有孩子，所以，在右上角，放上了代表爱情的我和我老公的形象，因为新婚不久，所以选择的人物形象还是婚礼上的甜蜜样子。围绕着我们的，分别是代表金钱、旅行、交流、学习、情诗画意和成就的铜钱、拿着望远镜的人、共舞的情侣、看书的老人、茶壶，以及石榴。

作品完成之后，我很满意，但是转念一想，在一个家庭中，夫妻关系应该是第一位的，而孩子是第二位的，如果孩子喧宾夺主，对夫妻关系而言并不是一件好事。所以我把小树的“势力范围”缩小，把“我们夫妇”的位置移到更加中心的位置。我把这对夫妇的目光方向偏转到看着小树的方向，同时，他们的手是紧紧拉在一起的。

虽然只是在沙箱里的一个小小的位置的调整，但是在我心里，已经完成了一个对于即将到来的孩子，在我的生活中的重新定位，这对于提醒我用冷静的态度安排生活的重心，是非常有帮助的。

一个思维的梳理过程，就这么通过眼前的玩具和沙子，在我眼前发生了。

看到孩子，看到所有的幸福。

看到生活，看到所有的关系。

建筑理想，实现理想。

计划生活，调整生活。

这就是沙箱游戏对孕妈妈的意义。

如果你也想在孕期和宝宝一起来玩这个游戏，来找我吧！

馋

“据说美国人喝可乐都是对着瓶子喝，而法国人喝可乐，会倒在玻璃杯里面，小口小口地品。即使是喝可乐这件事，欧洲人也有自己的优雅诠释。”

——这句话的主语是什么？

可乐！！！

“我今天别提多难受了，昨天吃了螃蟹，又吃了柿子，结果整夜都在拉稀。早上打了点滴才上班。”

——这句话的主题是什么？

他吃了大闸蟹！！！还有柿子！！！

“我们这个社会，都喜欢把榴梿削成西瓜，挤在一起方便运输，然后一起滚动。而榴梿却只有孤独地插在哪里，死守着自己的个性。榴梿之间的距离总是很大。人保留自己的棱角，才会更加尊重别人的棱角。”

——这段话的中心思想是什么?

榴梿！榴梿！好吃！

在孕晚期馋得红了眼的日子里，我敏锐的触角伸向空中，及时捕捉着外界所有信息中的食品名称。书里看到的，路人口中的，电视里播放的，听到想吃的东西，就自动收集、放大，在脑海里把字体加粗增大带下画线变彩色闪亮光。然后大声重复出食物的名称，即使暂时吃不到，只是想一下，仿佛也能在头脑中品尝到一点滋味。

作为一个品牌推广出身的人，对广告这种促销手段一度是免疫的。因为我知道他们是怎么被拍摄出来的。各种食品广告看似帅哥靓

想喝可乐，想喝啤酒，想喝咖啡。想喝带味儿的带汽儿的带冰的，想喝世界上所有不健康的饮料。（孕28周）

女眼花缭乱，其实都是一个套路：食物要大，色彩对比要强烈。碳酸饮料要有仰脖喝完咕咚下咽后“啊——”的一声引起你的唾液分泌，食品广告要有吃完之后缩脖眯眼歪头抿嘴的表情诱惑你的味蕾，最好再加上娇羞的“嗯——”一声……这都是广告公司通过市场调查找到的观众兴奋点，手段而已，和商品本身好吃不好吃没什么关系，我怎么会上当！

可是，可是，现在情况不同了！

你看那表情多陶醉，那话梅一定很好吃；你看他喝完可乐表情多爽，实在太享受了。作为一个忠实的消费者，广告中所有特意设计用来打动观众，促进销售的点，百试不爽地都在我身上起到作用。我跟着主人公的一颦一笑感动和享受着。我的人生中，从来没有这么认真地看过食品广告。

开始能吃了，尤其是甜食。每次买了都迫不及生直起就当街吃起来。（孕32周）

整个世界在我眼里就是一个巨大的超级市场。货架上的商品只有两类：能吃的，以及不能吃的。

遗憾的是，能吃的我不想吃，我想吃的都是不能吃的。

世界上最大的纠结莫过于此。

啤酒、烧烤、麻辣烫、方便面、汉堡、烤肠……对于这些给人类带来口舌享受的朋友们，冠以“垃圾食品”的罪名是不公平的。一旦怀孕，就把它们彻底抛弃，也是不人道的！

当然，只有我自己这么想。

抗议无效，只能继续忍。

忍过孕期，忍过月子，忍过哺乳期……不在忍耐中爆发，就在忍耐中灭亡。

为什么大家爱吃的东西，多半都是垃圾食品呢？这实在是一个值得营养专家们仔细研究的问题。

那些营养丰富的所谓健康食品，虽然注重维生素、矿物质、蛋白质的营养含量，而忽视了让自己有更丰富的口感，更浓郁的味道。所以尽管也许它们够“健康”，最终难免让人觉得索然无味，弃之可惜。

果然是饮食，男女。人世间的事大多如此。

好在咱也算是经济独立了。不让吃就偷着吃，偷吃一口是一口。偷吃的每一口都分外好吃，比以前被允许吃的时候的快感多很多倍。可见上帝是公平的，数量减少的，用提升质量补回来。

整个孕期唯一喝的一罐完整的碳酸饮料是老公买给我的。那次从医院孕检回来，照例因为医院的压抑气氛和医生的冷淡态度心情不好，于是和老公大吵一架。看得出来，他又生气，又怕影响我的心情，所以不便太过发作，倒是把自己气得够呛。

我自己也觉得没趣了，灵机一动，不如主动和好求奖励。于是讪讪地跑过去搭话，说如果送我一个礼物就和好。

“什么礼物？”大树先生耳朵抖了一下，很警觉地看着我。

“你先说送不送嘛！”

“你先说送什么！”多年对敌斗争经验已经让他成熟起来。

“很便宜啦，只要4块5.——你到底有没有诚意呀？”

“别来这套，我知道你的馊主意！”大树刚要张嘴，开始苦口婆心。

战利品。（孕35周）

“停！别再说了，不要再延长宝宝不开心的时间了！”我拉着他的手走进路边的7-11，“快让宝宝在肚子里开心一下！”

5分钟之后，我站在汽车尾气超标的马路边，手捧一罐香草味的苏打水，一小口一小口很珍惜地喝着。每一口都在口腔中打个旋转，雨露均沾之后，缓缓前行。在喉咙处略作停留，挥手致意，再纵身下落。

为了不至于太过内疚，我没选可乐。虽然只是五十步和一百步的区别，可是少走一步是一步。

老公站在旁边，又好气又好笑地看着我。对于他们这些饮食没有限制，随心所欲的人来说，永远无法体会站在街边喝苏打水的幸福。

他们真是可怜！

行路难

地铁马上就要进站了，我蓄势待发，拉开马步，站稳脚跟，双手上抬虚护住肚子，紧张地等待着。车门打开如泄洪，我像被汹涌人潮裹挟的一片树叶，被卷进车厢。隔着人群努力伸出手，让自己挂在一根扶手上面，一只手抓紧，一只手继续放在离腹部十厘米左右的地方，为它抵挡着各种潜在的凶险的袭击。

其中，时髦姑娘甩在身后的方尖包是杀伤力最大的，那些小而且硬的包通常有一根细长的金属链，悬在距离她们的肩膀头子最近的地方，摇摇欲坠。她们总是能够通过身体的姿势和肩膀的角度，保持链子和身体巧妙的联结，却无法顾及尾端的包包追随着擦身而过的人东奔西走。每当链子被拉直，包的主人就会恼怒地用力拉回在1米开外挤在人缝里的包，就像渔夫收网。这时候，我必须集中精力护住肚子，防止包包在重力和拉力共同作用下对周围群众的误伤。

除此以外，又大又鼓的黑色双肩包也具有很大的危险性，它们的位置通常悬在我的肚子之上。那些专心玩手机的哥哥们从来都不知道自己带上厚厚的“壳”之后，活动范围是以他本身为圆心，两个人宽为半径的。他们每次轻微而随意地顾前不顾后地转动身体，都会在我面前形成一股杀气。

同时，需要提防的还有外地旅行者通常放在门口的LV红白蓝三色大包，民工兄弟手中装着各种工具的“武器袋”，乞讨大叔匍匐于地面时带着歌声伴奏的“扫堂腿”。

各路大侠从上、中、下三路施展才艺，令地铁的狭小空间如武林大会般活色生香。而我就像揣着宝物混迹江湖，孤身上路，只求自保。

这时候，有一只温暖的手掌从后面伸过来，拍拍我的肩，跟我说：“这里坐。”

作为一个瘦子，在冬天怀孕是很吃亏的事情。各种交通工具上的“老幼病残孕”专座从来找不到真正的目标受众。（孕29周）

那种久旱逢甘露的释然带来他乡遇故知的感动，我抬起戴着口罩的脸看着对方，努力把眼睛笑得尽量弯以表示发自内心的感谢。

坐在尚有余温的座位上，心里也暖乎乎的。看着让座给我的对方不得已投身人海“回归武林”，又是感谢又是歉疚。我低头看着对方的脚，从心里送上深深的祝福，希望他一切都好。

多么美好的感受，可惜，这样的机会并不多。

说到这里，其实是有点可悲的。

我家没有车，因为没有指标。

摇了两年，我的卵子都中招了，车号还没有中标。

所以我得在整个孕期带着小树为国家交通和空气质量做着身体力行的贡献，同时检验一下孕妇的交通出行。

为什么不打车？——贵。而且，在需要的时候，通常打不到。

作为一个瘦子，在冬天怀孕的可悲之处在于，穿着厚厚的羽绒服，至少在5个月之前，没有人能看出我是一个孕妇。不但不会有人让座，而且还可能在遇到老人的时候被要求让座。我不喜欢穿长长的防辐射服，也不想拉开拉链把微凸的肚子亮在外面，于是只能默默伫立，死死攥着扶手，倒也没什么可抱怨的。除非，车里有人吃包子。那犀利的韭菜和肉腥味总是能成功地激发我孕吐的欲望。即使戴着口罩也无济于事。于是，只能有多久憋气多久，然后下车大口喘气。

至于公交车，那是一处战火更加密集的战场。每次不得不在早高峰乘坐，都是对小树的一次不负责任的冒险。一边努力在夹缝中生存，一边不断地心生怨念：怪老公不早买车，怪自己住的地方太偏僻，怪身边人素质太低，怪首都交通不畅。天不时地不利人不和地抱怨一路，终于到站死里逃生之后发现，自己毕生修炼的积极感恩正能量，几乎被一次公交出行毁于一旦。

挣扎着抖掉身上满身怨妇的灰尘，感慨公交车上实在太拥挤，永远没有端庄优雅的容身之地。

“有空间，就有可能。”这是哪个外国车的广告？说得太对了。

5个月之后，肚子终于明显地大了起来，而天气渐渐暖和了，我的大腹便便已经肉眼可见了。无论近视、远视、弱势和色盲，都能明显看出我是一个孕妇了。

怀孕8个月之后，情况发生大逆转。

我清楚地记得，是以4月中生日那天为标志的。

喜欢绿色的我，那天穿了一件饱和度很高的翠绿纯色丝绸上衣，长至膝盖，宽袍大袖，再配一根桃红色的项链，垂在半球形的肚子上方。圆滚滚的肚子在衣服底下呼之欲出。地铁车厢里面的我，就像一面鲜明的绿色旗帜，走到哪里，挥舞到哪里。于是，周围的人也受到动员，此起彼伏地站起来迎接我。

一个小伙子，把座位让给我之后，居然跑去车厢头部，靠着一排座位的前端，蹲在地上玩手机。我固然肚大身沉，也难免在座位上坐立不安。本来可以舒服地在座位上休息的他，为了我，变成了“蹲地一族”。

好吧，以后我再也不认为在地铁里蹲着的人素质低了。可能前一分钟，他还是拥有“宝座”的富有的文明人。

倒下一线地铁的时候，居然发生了争抢事件。

我刚一进车门，对面而坐的两个人居然都主动站起来让座位给我。我感激得不知所措。三个人，空着两个座位，站在拥挤的地铁里僵持了2秒钟。其中那个男孩子拍着我的肩膀说："还是坐在我这里吧，我就要下车了。"我于是就范。坐下之后，赶忙抬头向着对面那个正在坐回椅子的女孩报以笑容。她也在对我笑。

一瞬间，整个世界的温暖指数飙升到顶点。

孕8月之后，几乎每次公交出行都有人让座。即使我刻意不站在某个座位某个人前面，而是站在车头或者附近没有座位的地方，都会有人远远地招呼我过去坐。

有一次，在公交车上，一位头发花白的阿姨招呼我来坐她的座位，我看着她的皱纹和白发，推让说"您坐您坐"。阿姨一脸严肃地说："我坐了你们娘儿俩坐哪里？"俨然像家里亲人间那种不动声色的关心。我也瞬间进入作为一个晚辈的那种"恭敬不如从命"的角

肚子已经足够大的能帮我在地铁上找到座位了。给我让座的哥哥把座位让给我之后就蹲在地上继续玩游戏，让人内疚又感动。（孕33周）

色，而且当时真的有点累，于是乖乖顺从。但是，坐下之后，才看见阿姨还拿着两个书包，在拥挤的车厢站立不稳。心里充满歉意。我希望自己能早一点到站，少坐一会儿，好把座位还给阿姨。

不坐是身体累，坐下是心累。知道阿姨找到一个座位之后，我才把提着的心和身体重量，重重地放在椅子上。

每节车厢都是一个小社会，以前我只是一个与己无关的旁观者。而怀孕之后，我被大肚子赋予了主角的身份，成为一个人情冷暖的亲身体验者。

有一次在地铁里，车还没停稳就看到有空位。我作为一个大肚婆当然是不敢去抢，但是也摇摇摆摆地在可能的范围里尽量走得快了些。果然，我前面的一个大长腿姑娘和她穿着破洞牛仔裤的男朋友身手敏捷占了先机，抢了那两个座位之后，二话不说分别拿出手机对着玩起游戏，彼此无交流。我默默地站在他们前面，扶着扶手，低头欣赏着姑娘超短裙下细嫩水滑的大腿。心里嘀咕着：这么长又这么美的腿，特意穿了刚过腰的短裙露出来，不如站起来好好展示。

这时候，坐在他们旁边的一个年过半百的阿姨站起来，示意我来坐。我没坐，用超过平时的音量说："谢谢，阿姨您坐！"

"没事，我不累。"阿姨把我推到椅子上。然后自己站在门口，手里拎着一兜子水果。

我扭头看着身边那双伸展着的大长腿，从脚向上看到脸，再把目光转到她男友的脸上，从脸看到脚。可惜我的高科技目光辐射武器杀伤力显然还不够大，他们毫无反应，怡然自得。

默默坐在座位上的我，左半边站着提着重物的阿姨，随着列车的节奏摆动身体，徐徐温暖传来。右半边坐着"大长腿"男女，冷若冰霜，寒意阵阵。像两个不同的世界，彼此无法看到。

置身于冰火两重天的我，只能用起意念的武器。

我望向左边，善解人意的阿姨一定是理解为人母的过程，能够体谅我在孕晚期每天带着20多斤的肚子，腰酸背痛行走的辛苦。把祝福送给阿姨，善良的人一定会有幸福的家庭。

右边的大长腿男女，我知道你们一定还没经历过比我的肚子更沉的人生。在你们的世界里，超短裙、大长腿、破洞牛仔和劲爆的手机游戏，就是生活之美。我不知道当“大长腿”肚子隆起之后，会不会体会到更多的人情冷暖。至少现在，他们失去了享受另外一种人生之美的机会——帮助别人的快乐，远比游戏机更爽。

前30多年的时间里，我一直在做一个“让座者”，一个“送人玫瑰手留余香”的人。我知道，“帮助别人”是所有能获得的快乐里面最大的一种。所以，每一次“老幼病残孕”专座都坐得不踏实，仿佛占有了不属于自己的东西。也会去寺庙捐衣服，也会去给需要的人捐款，也会做很多身体力行的好事。而怀孕以来，我终于有机会“收人玫瑰”之后，才体会到作为“被让座者”的感谢和感慨。那的确是一种很温暖的感觉，有人看到我的需要，有人关心我的感受，有人宁愿用自己短暂的不方便换来我的舒适。同时，在感谢之余，也会有小小的歉疚和害羞，对给别人带来的麻烦觉得抱歉。

这是一种非常有趣的经历。让座给别人，心里是坦然和给予的快乐，还有小小的自豪。接受别人的让座，心里是感激和祝福，还有小小的歉意。这两种感觉没有好和不好，都体验过了，感受会更加的立体而丰富。

每次接受别人让出的座位，感受着留在椅子上的体温，都会深深地祝福对方。这不是某个人，而是社会带来的体贴，是让人能够安心地生活在这个社会的理由，也是下一次遇到他人不便的时候，自己能够带来回馈的动力。

一个座位而已，至于吗？

早高峰时段的座位，对孕妇而言，是安全和舒适。

对社会而言，是关怀和美好。

产检记

超声科分诊台：

“大夫，我约了今天上午的B超。”

“没有记录啊，没约上。”

“上周二约的，因为医生说特别着急，我特意先来的前台，让值班的大夫给我约好了，然后再去缴费。我回来的时候这里已经没人了。”

“不可能，记录里面就没有你。”

“我真的没说瞎话，当时的那个大夫说给我约好的。我当时忘了问她姓什么。”

……

“好吧，一周前没约上没关系。今天能帮我做B超吗？我还有三天就到预产期了，今天真的一定得做，要不来不及了。”

“你还有几天预产期跟我没关系，今天肯定约不上，现在人太多，提前半个月都不一定约得上。”

“我知道这事跟您没关系，但是对我很重要，我今天一定要做上这个检查。真的是上周大夫说约上了我才走的…….不说那个了，今天求您给我约一个，真的很抱歉，但是大夫说这个B超38周的时候就应该做，现在已经40周了，我随时都可能生，得提前看看孩子的情况啊！”

“你跟我说有什么用啊？约不了了。”

僵持，然后，护士长来了。“怎么回事？”

我肚子阵阵发紧发硬——假宫缩又来了，我努力弯下腰去，跟护士长把刚才的话又说了一遍：“我知道当天约是不可以的，我真的是没办法了……”

“你得找大夫去，谁开的单子你找谁。”

“那个大夫是专家，今天没有门诊，我已经去找过了。”

“没有大夫盖章不行。”

“可是大夫今天不在。”

死循环。

也许别的大夫盖章也能抵挡一阵？我跑去找当天门诊的一位从没见过的大夫。穿过一屋子大小形态各异的肚子，接近医生的办公桌。

“大夫，我知道您特别忙，我是实在没办法了，麻烦您一件事…….（此处省略2000字）所以，麻烦您帮我盖个章就行。”

“等一下。”大夫戴上手套去给妇科检查床上一位叉开腿的产妇做检查了，一会儿，拿出一根带着血的棉签，“哎哟，还真是见红了”，然后把头转向产妇旁边另外一位穿白大褂的女大夫，“幸好你今天带她来了”。

“是啊，我就说她得来找您看看，这就该住院了，自己不当回事儿不来医院哪行。”

“行，我给你开个单子，你去带她住院吧。”

我等着产妇收回腿，穿上裤子，两个大夫说话的间隙，再次拿上自己那张皱巴巴的B超预约单：

“大夫，您给我盖个章就行，麻烦您了。”

“这个你得去找B超预约那边啊，找我没用，我不管预约——下一个，你多少周了？”

“大夫，我跟B超预约前台说了很久了，她们说要大夫给盖一个章，说明是加急的，然后她们才能约。”

“上次开的铁、钙你都吃了吗？你得做B超了。”大夫目不斜视地嘱咐坐在桌前的患者。

我硬着头皮凑过去，“大夫，您帮我盖个章吧，我还有3天就到预产期了，真的来不及了。”

“谁给你开的单子你找谁去啊，这个不是我开的单子，我不能盖章，”扭头对患者：“那我给你开一周后的B超，你做完来找我。下一个。”

“大夫，我知道不是您开的单子，找您不合适，可是今天那个大夫没来，您给我盖个章，我好去跟B超预约那边说。。”

肚子又一阵发紧，一股混杂着腹痛和尿意的感觉，肚子变硬，假宫缩又来了，我挺起肚子舒展一下，赶快又对着大夫弯下去：

“您不用下结论，只是让他们做一个B超检查，不会担责任的。我马上就到预产期了，现在做已经晚了。”

“要不你找产科前台分诊台问问她们有什么办法，让她们给你盖个章。”

“好的，谢谢。”

产科分诊台：

“所以，得麻烦您给我盖个章，然后我去找B超分诊台。”

“这事不归我们管啊，我们就管分诊——35号，李大珍。”

“大夫说让我问问你们，能不能想想办法。”

“我们这忙着呢。再说我们手里也没有章啊，大夫才能盖章——36号，陈小荣！”

医生诊室：

“所以，大夫，产科分诊台说他们不能盖章。您帮我盖个章，说明一下加急吧。”

“那怎么办，你得找B超前台预约啊。”

“他们让我找大夫盖章，盖了我再去求她们。”

“那不是我给你开的单子啊，你得找给你开单子的大夫去——你下次该做唐筛了，我给你开单子。”大夫从始至终没抬过头。

……

我在一屋子孕妇沉默地注视下，默默地找出纸巾，擦掉一涌而出的眼泪。

我知道这样很没出息，也知道这样没有意义，我知道事情没那么严重总能解决，也知道心情不好对孩子不好。

可我还是丢人地站在屋子中间哭了。

然后默默地离开诊室，再去B超前台进行新一轮的战斗——乞求。

这是我第三次在产科流泪。

前面两次的理由也都差不多，战斗、乞求、僵持、死循环。重要的不是事情本身，而是那种深深地低到尘土里的渺小感、无力感、羞辱感。我知道也许跟孕期的激素有关，但是在激素容易波动而且一损两伤的孕期，难道不应该得到更多的关心吗？

每个人都多少会因为外界的反馈来确定自己的价值，所以人会喜欢恋爱，会追求世俗的成功，别人的羡慕。每次在医院，我都有一种自己是一颗尘埃的感觉，毫无意义，毫无价值，没有话语权，没有影响力，没有自我，就像案板上的鱼，还是条看都没人看的张着大嘴苟延残喘的鱼。

就像角色扮演玩多了容易使角色性格成为自己的个性一样，每次经过几个小时的产检之后，我都会进入一种抑郁瑟缩的状态，忘记自己所有曾经引以为豪的经历，忘记自己慷慨激昂的正能量，默默地跟在老公身边，像一只被大雨淋湿翅膀的小鸟。

走出医院，阳光普照，水雾蒸腾。小鸟的翅膀终于恢复轻盈干爽，重新翱翔于清澈的蓝天下。这就是医院带给我的感受。还好我只是一个孕妇，只需要做常规检查。可以想象，如果我是一个身染疾病的患者，要带着身体的不适和精神的疲惫去经历这个过程，可能就是小鸟折翼了。

我不想责怪医生，桌子上长长的一排病例本，的确会让她们忙得连上厕所的时间都没有，而满屋子拥挤的患者，也令屋子和内心都显得狭窄逼仄。如果是我自己处在这样的办公氛围里，也难免抓狂。但是，对医生的理解并不会缓解我受挫的情绪。

排三小时队，换来一分钟急匆匆不抬头的对话。这无论如何都不是一段令人开心的经历。

谁都没错，怎么办？

也许，去私立医院？

足量供应、宾至如归、如沐春风、笑容满面、关怀备至的服务，售价5万～8万。

能去吗？

努努力，能去。

去吗？

努努力，还是别去了。

于是回来看公立医院医生的脸色，其实也没那么不堪，也许是我自己太敏感了，也许是我的内心还不够强大。

谁说内心力量没有价值的？

当我能够内心强大地去面对外界的一切，不以物喜，不以己悲，不因为别人的态度影响对自己的判断和自己的心情的时候，这个能量，至少值5万。

“医生和护士的态度都不会影响我，她们的冷漠只会让我变得更加的放松。关于宝宝的一切都会是非常顺利的。我的平静和愉悦，都会让宝宝更加的健康。医院的一切都是暂时的，一切都会结束。所有的事件和语言，都只是为了让事情更加顺利而发生的，并没有‘好’或者‘不好’的分别，而我由此产生的情绪，也都是正常的，都不会对我和宝宝产生任何的影响。它可以来，也可以走……”

我一边给自己做着自我催眠，一边在楼道里积攒力量，准备下一次冲锋。

一个上午过去了，当我终于躺上B超床的时候已经是筋疲力尽。虽然试图偷看屏幕被呵斥“躺好别乱动”，虽然马上就要到预产期了，还是没资格知道自己孩子的性别，但依然心存感恩和庆幸，总算是做上了这个检查。

余光看到一个穿着护士服的中年女性走进B超室，用含混不清的语气，跟正在给我做B超的大夫说：“我有个亲戚一会要做B超，我带她来找你。她本来要做肺部检查的，但是子宫也有点问题，你都给看看吧，她过几天要出差，今天就给做了吧。”

“哎哟，你这刚拔完牙啊？”

“是啊，今天太忙了，病人真多，我这好不容易抽空拔了个牙。”

“行，一会儿你把她带过来吧。”

“我这话也说不清楚，我不跟你多说了。谢谢啊！”

“嗨，跟我还客气什么啊。”B超大夫终于把目光投回到显示着我的宝宝的电脑屏幕上。

我身体笔直不敢乱动，呆呆地仰望着天花板：“其实最有价值的，不是钱，也不是内心力量，而是——关系。”

孕30周感言

如果不是孕婴网站发来的提醒邮件，我完全没有意识到自己已经是孕30周的“资深孕妇”了。

这个消息让我惊讶又欣慰，紧张又期待，不舍又无奈，我似乎一时手足无措。

前几天我还在挺着大肚子对镜自览，边摸边对老公说：“我好像是真的怀孕了呀！”

事实上，“我好像是真的怀孕了呀”这句话，我已经说了30周了。前三个月，我处在“假装孕妇”的阶段，从外表到内心，没有任何能证明我“怀孕”的迹象，只有医院化验单上不分青红皂白的“妊娠”两个字，没有温度，没有感情，没有证据。B超上的确有显示一个小黑点，可是那看不清楚的一小团，谁能证明就是个孩子？谁能证明他真的在我肚子里？就凭这张纸？

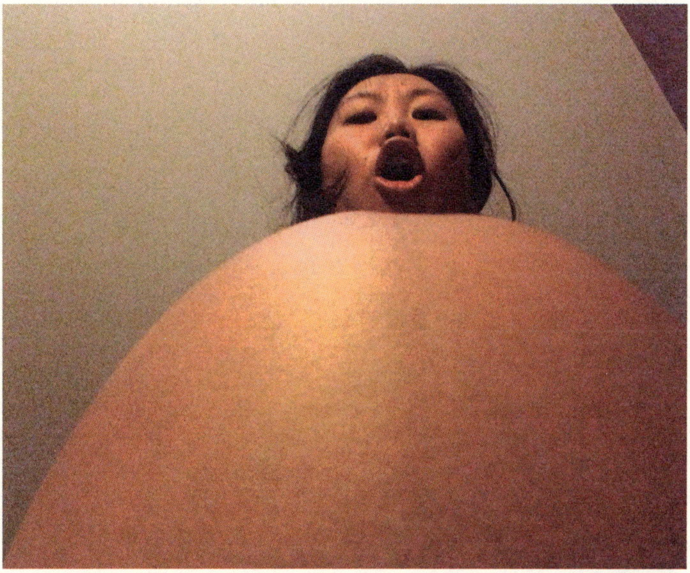

有一个30周的肚子，是件非常好玩的事。（孕30周）

每天一睁眼，我都在力图说服自己，“我是一个孕妇”，对于很难形象化的思维，只有先从“假装”开始接受。

我假装行动小心，我假装饮食有度，我假装对其他的孩子都发生兴趣，我假装能够理解爸妈和老公的那种喜悦的心情，我假装面对我的生活会发生巨变这个事实。可是“怀孕”这个词，太过抽象，从平坦的肚皮和依旧纤细的腰肢上，我读不到任何形象信息。

所谓“谎话说过1000遍就变成了真话”。孕三月之后，谎话才说了100天，我就差不多接受这个事实了。因为——有胎动了。

第一次胎动的感觉已经模糊了，但是我清晰无误地知道——那是我的肚子在动。不是气，不是屁，不是肠子蠕动，不是准备大便——是一个真实存在的小东西，在我的肚子里，动。

从那时候起，我觉得自己变身为铁扇公主，怀揣着孙悟空行走各处，好像囚禁着一个有神通的小东西，有点诡异，又很有趣。

再大一些，当我躺在床上，第一次看到自己的肚皮居然像一个灌了水的气球一样，颤巍巍地左右晃动的时候，我惊讶地叫出声来：“天哪，我一定是怀了一个异形的地球人，被外星人入侵身体，借助我的肚子繁衍生殖！这个威力无穷的不肯露出真面目的小怪物，在用不间断的蠕动向总部发送信号，而我作为一个地球母体无能为力。”

于是，我成为怀揣着一个天底下最大的秘密的“有故事的人”。在别人都不知道的表面下，保持着和另外一个世界的持续交流。

在拥挤的地铁里，在面无表情的陌生人之间，当我感觉到孙悟空又在“腾挪辗转”，我会意地偷偷把手伸进衣服兜，轻抚肚皮，告诉

每天饭后看小树表演“滚球”，成为例行娱乐项目。每次肚子剧烈晃动，我都怀疑里面有一个潜伏的外星人。（孕31周）

朋友们在我“生前”赶来加油。下次再见我就是升级辣妈版本了。（孕34周）

他牛魔王不在，不要“大闹天宫”；在和合作伙伴开会的间隙，在慷慨激昂发表策划的同时，我感觉到外星人又在翻滚着身体跟总部发电报了，于是偷偷把手拿到桌子下面，拍拍他，表示收到信号，让他放心；一个人在家的时候，我会撩开衣服，看着随着心跳轻轻颤动的肚皮，叫着他的名字，告诉他关于这个世界的一些事情，向他介绍等待他降生的亲人们，介绍这个家庭为他准备的一切。希望他能不至于太过陌生无措。

和老公一起看胎动，成为每天晚上睡前例行的节目。随着每次起伏的幅度，我们都会为他配上大小相符的声音。哎，哎哟，哎哟喂！小树，你在里头倒腾什么呢？

相安无事地过了7个月之后。

我居然已经到了30周了？

30周的意思就是，整个孕期已经过了3/4，还有10周，我就要当妈妈了。

意识到自己还有10周要迎接的巨大变化之后，我决定列一个单子，逐一实施。

要做的第一件事，就是发一个消息，广而告之：“闭关前一个月的时间全面放开，接受各种饭局和预约。有想见面的想吃饭的，错过这几周你将再等三个月。虽然三个月也不过就是12周而已，但三个月之后你再见到的，已经不是这个原装的、纯真的、没心没肺、嬉笑怒骂、一往直前的少女版的我了，而是一个满溢着母爱和乳汁的，带着牵挂和尿渍的，神情疲惫、内心神道，努力不念妈妈经但仍忍不住见人就拿出手机秀照片的，升级版的我。当然，如果你再等一年，我会

怀孕之后，世界上的熊孩子们突然都变成了小可爱。（孕32周）

打上补丁修复Bug提高性能，再度升级为带娃版的、纯真的、没心没肺、嬉笑怒骂、一往直前的高端少女版。我不知道你想见哪个，我想我都很爱她们。”

回应者众，各种饭局约起来。

于是，孕30周，仿佛只是成为一个把生活重新掀起高潮的引子。

我什么时候，才能开始甘心去准备那些毛巾、浴巾、口水巾、棉签、奶瓶、体温计、奶嘴、刷子和尿不湿呢?

亲爱的小树，你再等等哈……

顺产还是剖宫产

单身的时候，我站在人潮汹涌的地铁里，看着熙熙攘攘的姑娘们，挎着或美或丑的男人，悲从中来，仰天长叹：“为什么无论姑娘的品种多么奇特，都有人收。我这样的常规版本却没人要呢？”

刚怀孕的时候，我站在人潮汹涌的地铁里，看着熙熙攘攘的姑娘们，扭着或粗或细但显然还没有装孩子的腰肢，悲从中来，仰天长叹：“为什么她们都能安全避孕，我却不幸中招了呢？”

离预产期还有一个月，我站在人潮汹涌的地铁里，看着熙熙攘攘的妈妈们，拎着或高或矮的娃，悲从中来，仰天长叹：“他们都是怎么顺利把娃撂在这个世界上，而自己没有疼死的？”

每个经历过那场血腥战役的，都是超级无敌钢铁女战士。

孕38周+1天，产科诊室的医生用法官宣判一样的语气对我说：“我给你两个选择。你已经37岁了，所以你可以要求剖宫产。当然，如果你愿意，也可以试试……”还没等医生说完，我便迫不及待地表达意见："我自己生，我要自己生。"

医生抬眼看了看我："我跟你说清楚啊，自己生可是一个漫长的过程。很多人都跟我说要自己生，结果生到一半就哭着喊着要剖。这可不是说换就换的。你要决定自己生就不能改了。"

"我自己生！"我的态度很坚定，"为了自己生，我做了很多努力，我游泳，催眠，上课，做操，练习呼吸，控制体重，买了按摩油按摩会阴，老公还给我做了爱心视频让我宫缩的时候看……"

"哦，你的决心倒是挺大的。"为什么医生即使在表扬人的时候也是横眉冷对呢？这对她们会不会不是一种"表情"，已经成为"相貌"了？

被医生告知因为胎头不入盆需要手术之后，遗憾的同时也觉得好轻松，吃一顿久违的麦当劳庆祝。（孕40周）

“不过我告诉你，你的胎头现在还没入盆，而且孩子有点大。前几天有个37岁的自己生没生出来，你试试看吧，4～6小时不成功，有子宫破裂的危险，最后还是得剖。”

……

“我……我自己生！”

这不是一篇科普文章，所以我不打算详细比较两种生产方法之间的差异。结果其实早有定论：对产妇来说，从产后恢复到母乳喂养，自然分娩都更胜一筹。对孩子来说，从肺部和头部的健康发育，到自己解决问题，坚忍顽强的心理方面，都更有裨益。

更何况，除掉这些“好处”之外，自然分娩是获得一个孩子最自然的方式，我们的身体，千万年来被设计成了这个样子，就是用来供孩子分娩的。开天窗，走捷径，人为改变规律，一定不如自然的结果好。

当然，如果自然分娩不成功，剖宫产作为补救方法，也是很有保障的。

那么美国高达90%的顺产率对照中国85%的剖宫产率，究竟是为什么呢？

古典派是为了孩子好：择吉日，早上学。

现代派是为了自己好：身材恢复快，有利于安排时间。

简洁派就一个原因：怕疼。

怕疼。

而且因为这个原因选择剖宫产的准妈妈占比最大。

在我的孕妇教材中，赫然写着：英国一个研究机构把疼痛分为10

级，而产痛属于——第12级！？

有没有学过语法啊？数学也不过关！这到底是修辞方法还是严谨的科学结果啊？怎么可能超过100%呢？这不合逻辑啊！

直接把疼痛分为12级不好吗？做科学家就可以吓唬人吗？

可是，无论如何，这句话自此深深地刻在了我的脑子里。

怕疼，比疼本身还可怕。

“到底有多疼？”

我开始每天琢磨这件事。问了几个当过妈妈的人，都是心有余悸。“小马过河”的理论在这里仿佛并不适用。在分娩的疼痛面前，基本上所有人都是小松鼠。意识到这么做纯属自寻烦恼自己吓唬自己之后，我不再问别人了。

我开始问老天：“为什么这么安排？”

生孩子这件事，本身就是麻烦多多困难重重。从刚怀孕时候的孕吐，到激素乱飙精神沮丧，随着孕周越来越大，又有身体疲惫脊椎痛骶骨痛各种痛，又要被迫吃有营养而不爱吃的，又被迫不能吃没有营养又爱吃的。

历经九九八十一难到了西天的庙门口，为什么还要经历一场大劫难，才能取得真经呢？为什么这些折磨，都要放在妈妈身上去承受？分一些给别人不好吗？

我相信有造物主，我也相信“一切都是最好的安排”，我相信每种器官都有其功用，每种感觉都有其意义。比如新妈妈看到孩子，乳房就会分泌催乳素自动流出乳汁，比如有味蕾享受食物，是为了帮助我们吃得更丰富健康；比如人类有痛感是为了防范危险伤害；比如性快感是为了诱使人类进行交配繁衍后代；比如有困意是为了保证身体

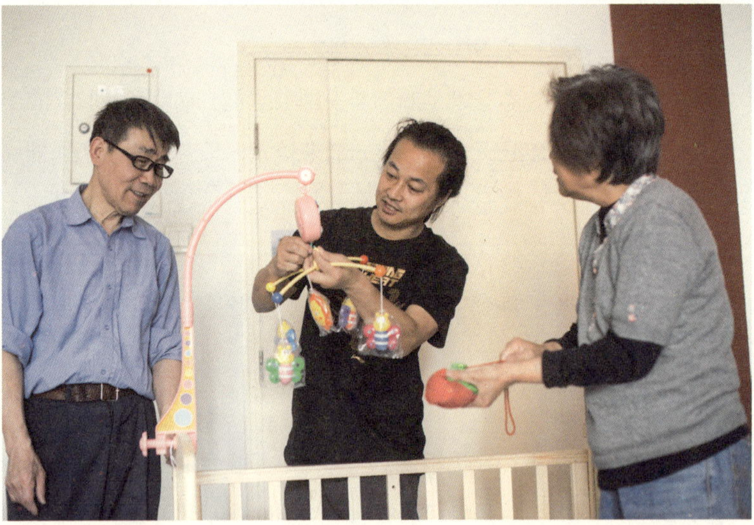

全家总动员，给小树絮窝，七姑八姨九朋友给的各种物件统一整理。给玩具们洗澡，准备服务下一代。（孕38周）

和精神得到休息……

那么，分娩痛是为了什么?

如果仅仅是因为需要子宫收缩把孩子推送出来——宫缩未必一定要痛啊！性高潮也会导致宫缩啊！

除去所有生理的和物理的原因不谈，上天这么安排，一定有原因。

于是我想啊想啊……

然后我明白了。

“天将降大任于斯人也，必先苦其心志，劳其筋骨，饿其体肤，空乏其身，行拂乱其所为，所以动心忍性，曾益其所不能。”

你别笑，是真的。从这句话最原始、最纯正的意义上解释。

身为孕妇，所有承受的怀孕和生产的辛苦，正是为了磨炼意志，坚强心灵，增加耐受性和抗挫力，用十个月的时间培养妈妈和孩子的感情，帮助女孩子们从不谙世事的浪漫女生，迅速增加坚忍、顽强、勇敢……这些品质的成长值，“曾益其所不能”，最终做好准备，成为一名所向披靡无坚不摧的——妈妈。这样才有足够的能力应付孩子出生之后生活的变化和巨大的挑战。

我曾经问过一个妈妈，一个前世界体操冠军，生孩子到底有多痛。

她说：“非，常，痛！”

“你从小经历那么多艰苦的体操训练，一定比我们普通人心理更坚强，身体更柔韧，我本来以为你会觉得好一些。”

“虽然生产非常痛，但是我宁可再生十次孩子，都抵不过养这一个孩子带来的辛苦。”

说这话的时候，我们一起把目光投向不远处，她4岁的儿子正在广场上跟小朋友们风驰电掣地玩着轮滑，看到妈妈的目光，他飞一样滑过来，拿过妈妈手里的水瓶，咕咚咕咚喝几大口，转眼又滑走了。

“每次孩子生病，你不知道有多煎熬。着急还不算，去医院看次病能把人折磨得再病一次。还有因为孩子导致的家庭矛盾，找幼儿园找小学的麻烦，教育问题，等等。”

我无言以对。

还在为“最后的冲刺”而彷徨恐惧的我，其实才只是站在起跑线上而已。当“妈妈”的这场马拉松，我才刚刚拿到号码牌，连资格赛都还没胜出，却已经想到发令枪响就腿软了。

我想起一个朋友，结婚之前跳过三家世界五百强公司，工作颇得领导赏识，感情一路顺风顺水，文武双全德艺双馨色艺俱佳，厨房、卧房、厅堂平蹚。人生前30年过得春风得意马蹄疾，八面玲珑所向披靡。每次朋友聚会，大家对自己的状况难免有抱怨。独她不抱怨，语重心长地给我们讲御夫守则，讲婆媳攻略，讲团队管理，讲个人成长。于内于外，于公于私，于上于下，她总有解决方案。所以我们笑称她是“IBM”——四海一家的解决方案。

直到她生娃。

沉寂了一段时间。每次联系她，不是因为在喂奶不能接电话，就是正在睡觉没及时回短信。聚会当然没空参加。直到孩子4个月的时候，她终于蓬头垢面地赴约，“妈妈真伟大，向妈妈致敬！”这是她坐下之后说的第一句话。

从产后抑郁，月子里和婆婆吵架险些回奶，月嫂有事提前离开的抓狂，到乳腺炎的痛苦，孩子长湿疹睡不好觉的着急，上班之后背奶的辛苦，被其他部门吞并的危机，频繁出差看不到孩子的思念……

原本是预产期的日子，和老公在家合影留念。（孕40周）

“我现在经历的，都是以前从来没想到过的，那些可爱宝宝萌照的拍摄者不会告诉你的。我现在忍受的，也都是以前从来没想到自己能忍的。宝宝那些可爱的萌样子，能支持我战胜一切。”

“没生过孩子的女人，不足以语人生。”她说。

看到席间一个没结婚的，两个没孩子的女孩撇起了嘴，她解释道：“没经历过生产痛的人，不足以言痛。没有全天候不分黑白每一个半小时喂一次奶的，不懂什么叫累。没被家庭和事业双面夹击左右为难的，没资格说难。没协调过三代以上，六个人以上亲属关系的，不知道什么是‘家庭’。”

“没生过孩子的女人，不足以语人生。”她重复道。

掷地有声。

如果要人做一件小事——给他一点甜头。

如果要人做一件大事——给他大一些的甜头。

如果要人为母亲——养育一个生命，世界上没有比这更伟大的事了——天将降大任于斯人也——只能让她吃苦。

如果做一件事是为了诱惑，是为了咂摸那点甜头，那未免太过轻率。一旦甜头吃腻，就抹嘴撒手走人了。

如果做一件事明知有苦有痛仍执着前行，那是真想要。那才能负担起应有的责任，无怨无悔地一直做下去。

痛苦本身并没有意义。

但是经历过痛苦之后，忍耐力、韧性、勇气、斗志，等等，做一个母亲需要的品质，都会得以提升，“动心，忍性”，最后才能“曾益其所不能”。眼界更开阔，人生更丰富，感受更细腻，同理心更强。

事实上，一个好妈妈需要的品质，也同样是成为一个优秀的人需要的品质。所以，经历过“苦其心志，劳其筋骨，饿其体肤，空乏其身，行拂乱其所为”之后的人，会成为一个好妈妈，也会成为一个更好的人。这也算是成为母亲的奖励吧。

前几天，一个朋友跟我讲起，她最近工作上有些不顺心，面对很多选择却都无从选择，人生陷入瓶颈。某次又在公司受了委屈，回家窝在沙发里情绪低落。

“我觉得我什么都干不好，我知道应该改变，可是没有勇气了。”她跟老公抱怨道。

“你是一个妈妈！还有比这更伟大的吗？”

老公跟她一起回忆起三年前，她临产时，他出差在外。羊水先破了的她，半夜自己收拾东西、下楼，在寒风中打车、挂号、入院。独自一人进产房待产。整整30小时的阵痛，她生下宝宝，顺产无侧切。

老公终于赶到的时候，已经是第二天下午。以为平时娇气的她会扑过来大哭，没想到见到他时，她是笑着的：

“亲爱的，我送给你的礼物，喜欢吗？”

“从那时候起，我就知道，你能战胜任何困难，因为你是一个妈妈！”

我的生日

我的生日在4月。

每年4月，几乎是北京最好的季节。小草新绿，春花乍放。整个城市都处在从臃肿麻木到鲜嫩温软的复苏中，被那种心头痒痒的毛茸茸的欣喜塞满。

每一年，我都会以“你是人间的四月天”来形容我自己的——生日，顺便向文艺女青年的祖师婆林徽因致敬。笑容明媚，诗情画意，其实，我跟她很像啊！

直到今年，我忽然意识到，这一首诗，是林徽因写给她儿子的。

你像
新鲜初放芽的绿，
你是柔嫩喜悦
水光浮动着你梦期待中的白莲。

你是一树一树的花开，
是燕在梁间呢喃，
你是爱，是暖，是希望，
你是人间的四月天。

那嫩绿，那花开，那暖融融和喜洋洋——就像，把一个新生命揣在身体里。

想到生日，第一个念头就是指我出生的日子。所以无论呼朋唤友开party，还是节衣缩食买礼物，都随我自己开心。也知道“生日”同样是“我被生下的日子”，但是从未对于“生”这个动词有这么深的感慨和这么复杂的感受。

当这个动词迫在眉睫，兵临城下，我才强烈地感觉到，“生日”这两个字，永远都跟两个人相关。获得生命的和给予生命的，就像是一枚硬币的两个面。

属于妈妈的这一面，只有爸爸能和妈妈分享，孩子永远无法真正理解。

属于孩子的那一面，在以后的成长岁月中，一直会有妈妈的参与。

我的生日，距离小树的生日，还有40天。

作为一个孕妇，在生日时会有更多感慨。今年更是“举杯祝小树，对妈成三人”。由我的生日，想到了三个人的生日。

回看自己的源头，在我生日那天，勇敢的妈妈经历了很多我即将经历，却想想都会害怕的事。妈妈提到过的那些紧张、冰冷和疼痛，不仅仅是一些形容词，而是真真切切铺天盖地的终生难忘的感受。那一年，30岁的妈妈，已经失去她自己的妈妈十几年了。没有人给她讲起过去的经验和注意事项，没有人给她准备好巧克力和红牛，妈妈甚至在整个孕期连产检都没有做，坐在我爸爸的自行车后面就被带到了医院。医院问妈妈，愿不愿意让实习生给她接生，妈妈答应了。

“谁没有第一次啊，要给年轻人机会。”妈妈后来对我说。

实习生的第一次接生当然不够熟练，妈妈受了更多的苦。

“现在想起来真是后怕，当时不应该答应，要对你负责任的。”妈妈提到这事总是自责。

不知道那个实习生后来有没有成为技艺精湛的妇产科大夫，想到我是他接生的第一个孩子，是妈妈给了他这个机会，就觉得很有爱。希望他不要辜负妈妈的付出。

妈妈的辛苦，换来我的降生，从这个意义上说，这个生日应该属于妈妈。

一年又一年，我逐渐长大。每一年生日，妈妈都会带我去外面照相馆拍一张纪念照。从未间断。每年生日我都很开心，可以打扮好了出门臭美，而且妈妈会做我最爱吃的油焖大虾，还会送礼物给我。

上中学之后，妈妈的油焖大虾没有那么有吸引力了。我开始选择和朋友们外出吃饭，一起合影留念。

30岁之后，我又恢复了在家和妈妈过生日的习惯。我还是爱吃妈妈做的油焖大虾，也会拉妈妈一起合影留念。

当生日对我只意味着鲜花蛋糕和礼物时，我不知道，对妈妈意味着什么。不知道她有没有在我的37个生日中，一次次回忆起让这一切发生的那一天。

今年生日，和往年一样，和妈妈一起过。一桌菜，几杯酒，家人围坐在一起。席间又聊到我的肚子，妈妈仿佛比我还要开心。看着妈妈皱纹下掩不住的笑容，忽然间有一点明白“不孝有三，无后为大”这个说法，虽然我之前一直是“每个人选择自己的生活，不要被任何人包括父母所绑架”理论的忠实拥趸。自己亲手创造的生命顺利成长，并且又创造了一个新的生命时，那种血脉绵延的深厚的喜悦和成就感，恐怕真的是儿女能送给父母的一份很大的礼物。

顺便说一句，类似“忽然意识到”这样的形容，在这本书里出现了太多次。可以说，整个孕期都是一个“忽然意识到”的重新发现的过程。所有的说法和道理，其实我们都听过，但是只有在真正

过生日，“带着小树”回到和树爷第一次见面的地方。（孕35周）

成为孕妇，从一个新的角度去体验的时候，才会明白那些语言后面深藏的感受。

远望未来，我即将把一个生命带到世界上来。伴随着我的疼痛，是他初涉人世的喜悦。人生永远是苦乐相伴。那一次需要勇气、力气和运气的终极战役，也会成为他的生日。

生产之痛，是已经被众所周知的，妈妈们因此得到尊重和关爱。但是那些初生的宝宝从来没有机会让我们理解，他们被宫缩挤压的不适，爬过狭窄产道的艰难，来到陌生空间的恐惧，以及在初生的一瞬

间尝试用肺部呼吸的惊险。所有的“生产”，都是妈妈和宝宝共同努力的结果。事实上，如果没有宝宝的主观意愿和密切配合，妈妈不可能顺利完成整个过程。从这个意义上说，宝宝才是主角。是他们用自己全部的努力，盛开出一个新的生命阶段。

从这个意义上说，这个生日，应该属于宝宝们。

那一天，筋疲力尽的我，看到他红红皱皱的小脸时，会记得跟他说“生日快乐”吗？

倒计时一个月

今天是个普通的暮春日子，早上起来，我照例边赖床边盘算着去哪里赏赏花，老公的一句话顿时打消了我的气焰：“还有整整一个月，你就当妈了，你快看看还有什么需要准备的！”

我错愕地张着嘴躺在床上，对这个残酷的事实无法下咽——还有，一个月？只有，一个月了吗？

“还有什么需要准备的？主要是心理准备啊！”我对着天花板脱口而出。

老公从厨房走过来，甩了我一脸水：“都九个月了，你还没准备好啊？！”

再长的马拉松也终于要到尽头。这是一趟出发了就永远不能回头的旅程。没办法像小时候不想上幼儿园时，死赖着抱着家里的桌子腿，声嘶力竭绝不妥协，妈妈可能会叹口气，允许我在家苟且一日。但是这一次，什么也阻止不了终点的到来。

春天来了，花儿都开了，小树也该发芽了。（孕32周）

脑子里把之前九个月的孕期快速播放了一下，就像是《生活大爆炸》的片头，从动物到人的过程演变——事实上，我肚子里的娃，在我肚子里，也的确是这样，从一个不成形的小豆子，长大成现在这个有模有样的小娃娃的。

先是婚礼之后胃口不好，当上火和脾胃不和治了两个礼拜，又是按摩肚子又是拔罐的。

之后看着两道红线的验孕棒一边说不可能一边号啕大哭。

认命之后努力适应孕妇的身份小心翼翼。

前两个月肚子疼一直担心宫外孕，问身边所有人都没有这个经历，网上查了症状越查越心虚，把自己吓得哇哇大哭。每次上完厕所都带着诚惶诚恐的心情看厕纸，看到纯白色才安心。

第九周，第一次B超，满眼满脑子“单活胎”三个字。平均每一个小时和家人对话都要提及一次，此症状持续一个礼拜。

第十三周，公布怀孕的消息。从此以后，原名被迫停止使用。所有的朋友提及我，都以“孕妇”相称。屡次抗议，无效。

第十六周，第一次胎动。从此对于“我怀孕了”这件事不再有任何侥幸心理。每晚睡前玩肚子，成为我和老公最有趣的游戏，也是一家三口沟通感情的开始。

然后，看各种育儿书，做胎教，上孕妇课堂，每日按摩疏通“奶道”，催眠为分娩做准备，游泳，做孕妇体操，戒不想戒的，吃不爱

万事俱备，只等小树“登基”。（孕36周）

吃的，做不爱做的，拜访前辈妈妈，准备婴儿用品，拍孕照，例行检查，各种担心以及各种自我安慰……眼看着新浪微博右边的广告栏给我推荐的商品，从面膜、BIKINI、高跟鞋，到孕妇奶粉、防妊娠纹按摩霜、孕妇维生素，再到哺乳衣、婴儿床、吸奶器……（现在上网完全没有隐私啊）

一路走来，有幸福，有感恩，也有害怕和茫然，终于，我站到了最后三十天的门口。这顶叫作“妈妈”的桂冠，即将戴在我的头上。

我作为一个女孩（有点老了），一个姑娘（没那么嫩了）……或者，无论叫什么，作为一个独立女性的身份，只剩下30天了。这让我不知如何是好，不知道如何珍惜地过这三十天，让自己能品味得更充分一些，享受得再细致一些，告别得再圆满一些。

三十天之后，我将成为一个“妈妈”。虽然，从理论上说，“妈妈”也依然可以是一个独立女性。根据自己而不是外界的影响做决定。但是，对于一个在自己身体里生活了十个月，并且即将一起生活几十年的这个小东西，你怎么可能，跟他切断联系？你怎么可能，摆脱他的影响？你怎么可能，无视他的存在？

从此，在世界上将有一个人，也只有这个人，会让我像心疼自己一样心疼他，会让我永远无法割舍对他的感情。这就是“妈妈”对孩子的意义。

我觉得很感动，也觉得有点害怕。

我读过很多很多关于亲子教育的书，我见过很多来做沙箱游戏的小朋友，我身边有很多很多有孩子的朋友，我自己也曾经作为一个孩子，可是面临着还有三十天的时间，我就要成为一个妈妈这个现实，还是让人手足无措。

三十天之后的那个我，还是现在的这个我吗？

这个问题，就像“怀孕之后的这个我，还是之前的那个我吗”一样，是一个没有定论的问题。

再往前推，结婚之后的我，还是以前单身的那个我吗？

单身时候的我，还是和前男友一起的那个我吗？

工作之后的我，还是上学时候那个我吗？

上大学的我，还是小时候那个我吗？

……

都是，也都不是，但是仿佛，都在变得更好。

我不担心自己不会照顾他的身体，也不担心自己不会教育他的心灵。我只是对于这个世界上将要有一个人永远成为我的牵挂，有点紧张。那意味着我将失去自由吗？

我是说，心灵的自由。

但是，真正毫无挂碍的“自由”生活，就是理想的吗？

其实，挂碍的原因，是爱。

没有爱，就没有挂碍。

生命不能承受之轻。

这么说来，所有的那些挂碍，都说明着我们被爱，也在付出爱，我们在被爱包围。

果然，爱是一切的答案。

那不如换种方法对自己说，这个世界上即将多一个人爱我，而我也会多一个人可以爱。

这么听起来，就舒服多了！

这不是文字游戏，这是人生的游戏。

即将到来的那三十天，就让我满怀期待地坦然度过吧！

人生是个游乐场，我们要做的就是玩得更爽一些。

现在，让我们开始玩“我当妈妈”的过家家游戏吧！

景山的牡丹花开了。（孕36周）

你崩溃了吗

据说，整个孕期，总要崩溃那么一两次。

就像是唐筛、孕吐一样，是必过的一关。

这个“崩溃”指的是，从心理上突然不接受自己的孕妇身份，或者对于自己怀孕带来的负担忍无可忍所导致的暂时性歇斯底里，对整个孕期压力起到集中疏散的高压阀的作用。

有一个爱臭美的妈妈，怀孕前必背LV，必穿香奈儿。怀孕了也不穿孕妇装，而是随着月份的增加，给自己买大一码再大一码的名牌漂亮衣服。“其实我还挺享受怀孕的，”她说，“以后跟娃穿ARMANI的亲子装出门，完败抱着茶杯泰迪上街的帕里斯·希尔顿！”

终于有一天，在脱掉衣服要洗澡的时候，看到镜子里那个满月一样的脸和日益臃肿的身材，她发出了一声尖叫，然后捂着脸，站在喷头下，想蹲又蹲不下，就这样无奈地站着大哭起来。老公推门进来时，她已经以泪洗澡15分钟。

“为什么八卦杂志里的那些辣妈都那么美？为什么维多利亚生了四个孩子比我17岁的时候还瘦？为什么王菲越生越美？为什么我怀个孕就丑成这样？我的鼻子大得像一只猪！所有的漂亮衣服都穿不了了！我被怀孕毁了！我已经不是我了！”

据她自己说，那天是被老公裹个被子扛出浴室的，在床上又哭了半个小时。

“我也不知道自己怎么那么委屈，其实谁也没有对不起我，我就是自己觉得自己委屈。吃不好，穿不美，感觉自己后半生都要毁掉了似的。”

“那后来呢？”

“后来？没有后来。我哭完了，接着回去洗澡，然后穿上我的XXL的JUICY套装，逼着老公请我吃了一顿高大上的日本料理。”

“那，那你的大脸和猪鼻子呢？没关系了吗？”

“做母亲总是要有代价的！怎么能像个青春期小女孩一样患得患失不自信呢？再说了，你不知道大鼻子旺夫吗？”她晃了晃“满月脸”，用鼻子哼哼两声，以示胸怀大度。

另一个朋友是个“白骨精”，管理着二十个人团队。她肚子最大的那段日子，公司正好有新产品上市。为了休产假之前尽量安排好工作，她经常加班、出差。但是依然神采奕奕。

“谁说怀孕生孩子就要当家庭妇女？事业家庭不能兼顾是能力差的表现。Balance懂不懂？我就站在天平的正中间。稳稳的，还能跳舞呢！”

“你会跳什么舞啊？”作为听众的我们火上浇油。

“芭蕾！我踮起脚尖，在天平正中间来一段小天鹅！”她发出狂

孕38周，老公体贴地帮我系上鞋带。（孕36周）

妄的笑声。

芭蕾跳了几个月，天平歪了。

引子是一件特别小的事，“我早上起晚了，赶着去上班，要开一个重要的会。出门前急急忙忙地穿鞋，一双系带的运动鞋。可是怎么都穿不上。”

“脚肿了吗？”

“不仅仅是脚肿了，主要是肚子太大。”她边开玩笑边用肚子顶顶我，脸还距离我两尺远。

“坐着弯不下腰，蹲也蹲不下来，累出一身汗。我觉得头皮上的青筋都充血了，整个人要爆掉。”“眼看着脚在那里，就是够不着，觉得自己真是太没用了，感觉再也不会爱了。我往旁边一歪，坐在原地开始号啕大哭。”

“哎呀，你不是说要开一个重要的会吗？”

“我哭完了，穿着拖鞋，自己打车去附近的电影院看了场喜剧电影。路上打电话到公司说我去医院做胎心监测了，能把我怎样？”

“应该开会却去看电影，你不够balance啊！还要不要在天平中间跳芭蕾？”

“小天鹅连鞋都穿不上了，还跳个屁啊！”

别人的故事都是当笑话听。我当然是不会崩溃的。

跟“前辈妈妈”学习所有婴儿用品的使用，就像焦大跟林妹妹学写诗。（孕36周）

我懂心理学，我思维积极乐观，我自由职业没有那么大压力，不用开会更不用跳舞，写写文章还是在家里。而且，我怀孕之后变得更美了。孕期对我来说，没有天平，是尽可沉沦的温柔乡。

不过，我老公不同意这个说法。

用他的话来说，我自由奔放的荷尔蒙指数，生生把孕期整成了更年期。

荷尔蒙不稳定呢，的确是有点。不过并不严重，主要表现是情绪不太稳定，时而积极时而沮丧。有时候做胎教，摸着肚子跟宝宝聊天。从他出生开始聊，让他叫妈妈，让他跟我们一起出去玩。最后聊到他要结婚，又想到老公以后会死的，万一死在我前面，我肯定会被儿媳妇欺负。于是悲从中来，抽泣起来。

老公无奈地表示无从劝起："你这个命题太宏大，你要是抱怨一下饲养方式和环境，我还能努力调整。这个生生死死的哲学问题，我也改变不了啊。"

"哇——"听了他的话，我哭得更厉害了。

但是，这都不算崩溃啊！

我是说，崩溃是怀孕九个月的时候那次。

那时候肚子已经很大了，基本上进入战备状态。

担心早产，又担心分娩痛。担心孩子太瘦，又担心我太胖。担心宝宝不健康，又担心生活完全被改变。每天小心翼翼如履薄冰。

有天睡前，突然发现老公的手机桌面换成了小树的B超照片。

"咦，你的手机照片怎么换了？！"

"是啊，小树啊！"

"你之前所有的手机照片都是我啊！"

“咱们家要有新成员了，我提前对他表示欢迎啊！”

“你之前所有的手机照片都是我啊！”

“你跟咱们儿子争什么宠啊？”

“你之前所有的手机照片都是我啊！”

“现在也是你啊——你的一部分，呵呵。”

“你是不是嫌弃我了？嫌我怀孕之后不好看了？”

“你别无理取闹啊！”

“你就是！你就是！你现在就只关心孩子不关心我！你以后肯定只给孩子拍照不给我拍了！我生了孩子之后就失宠了！我每天吃不好睡不下，浑身到处疼。人也胖了，还要受苦还要受累，连说句话都累得上气不接下气。被逼着吃那些难吃的东西还要挤公交，什么罪都是我受，孩子生出来你们都关心他，根本没人在乎我。我那么辛苦为了什么，啊啊啊！”

我正在像个泼妇大叫大嚷，忽然脑子里滚滚而来的负面情绪被劈开一条缝，残存的一丝理智跑出来问我说：“咦，你这个仿佛就是‘崩溃’了呀？”原来最终也没逃过这一劫。我一边欣慰自己终于等到了这一天，一边沮丧自己怎么也有这一天。一边哭，一边在心里开小差，对着那些想象中的妈妈前辈们致敬——这道孕期必答题，我终于像你们一样通过了。

思绪拉回来，眼前的老公还在兀自不知情地解释着：“你很辛苦我都知道，这些我也替不了啊！你别生气了，怀孕时候生气对孩子不好。”

既崩之，则继续崩之，反正开了闸的洪水总要放干净：“你看，又是为了孩子。即使让我高兴也是为了孩子不是为了我。我就是一个载体。我浑身上下是不是只有肚子对你有意义啊？”

吵架不怪我，怪孕激素喽（孕38周）

事情最后以老公把手机桌面换回我的孕照作为结束，并且对我保证无论什么时候，手机桌面永远都是我——他不同意，我们讨价还价，最后以“手机桌面永远都要‘有我’”成交。

后来呢?

后来，小树出生的第一天，老公信守诺言，换了一张我在医院里穿着病号服抱着宝宝的照片。我庞大的身躯憔悴疲惫，小树娇小的身体藏在我怀里什么都看不清楚。

我默默地把老公的手机桌面换成了小树的单人照——看起来好多了。

再后来呢?

再后来，不仅老公的手机桌面是小树，我的手机桌面也换成了小树，我妈妈的手机桌面是小树，我爸爸的手机桌面是小树。就连小树远在沈阳的爷爷奶奶的手机桌面，也都换成了小树。

头脑清醒，情绪失控，是孕期崩溃的主要指征。整个孕期心理的、生理的各种改变聚集在一起，难免压力倍增。集中发泄一下负面情绪，也是一种保健。随着泪水流出的是焦虑和压力，哭哭更健康。

像火山爆发，爆完自会熄火。像泼妇骂街，骂完回家睡觉。

此症无法预防，无从治疗，理智回归即可自愈。一定要吃药的话，可以参考《红楼梦》里面王道士的“疗妒方”：冰糖梨水每日进服，吃到孕期结束，孩子出生，自然有了新的关注点，不会再有针对怀孕的情绪问题了。

没崩溃过的孕期，是不完整的。

早崩早舒服，且崩且珍惜。

活在当下

仔细想想，世界上最好玩的游戏，都是有时间限制的。比如俄罗斯方块、超级玛丽，比如足球、篮球、橄榄球。离开“时间”这个坐标，紧张刺激至少减半。

世界上最有趣的事情，也都是有截止日期的。比如看电影，两个小时，比如度假，十几天。就连香蕉、樱桃和奶油蛋糕，也是有保质期的。如果一切都能无限延长，再有趣的事也会变得乏味。

事实上，我们的人生能够如此丰富精彩，也正是因为——人生是有终点的，婴儿期会结束，幼儿期会结束，青春期会结束，中年会结束，就连老年也会毫不留情地结束，于是这个角色扮演游戏终于玩到尽头，game over。所以我们会抓紧有限的时间，去浪费——我是说，做自己想做的事情。

这么说起来，像吸血鬼那样一直不停地活下去，无间轮回没有喘息，也许反而是一种悲哀呢。

不知道该庆幸还是悲哀的是——我的孕期也就要结束了。今天，本该是预产期的日子，可是我家小树还是没有任何动静。除了例行的伸伸懒腰、踢踢腿，动动胳膊、打打嗝之外，毫无特别。假性宫缩是从很早就开始了，我已经从一开始的如临大敌草木皆兵，到现在的放任自流随遇而安。从开始担心早产不敢连续站着超过半小时，到现在每天爬八层楼梯两次请君入瓮——呃，入盆。

刚开始孕吐的时候，以为慢慢无期的十月怀胎，眼看就到了尽头，于是，游戏开始好玩起来。

因为很多朋友都提前发动了，早产一个月、二十天、十几天的比比皆是。而且发动时间从清晨到日落，从白天到深夜，完全没有规律。所以早在预产期一个月之前，我就进入了“突然死亡”状态（足球专业名词——不懂的话问问你老公）。跟所有的工作合作伙伴、社会交往对象、朋友、亲戚、来访者，乃至借了一本书的邻居，都交代好：“该吃饭吃饭，该还钱还钱，该发邮件该交稿子的，我都会努力跟进随时搞定，如果突然失联了，电脑屏幕还在闪烁，回信的却不知道哪里去了，不是他贪玩耍丢了牛，那放牛的孩子王二小。”

你懂的。

就连在写这篇文章的现在，我都随时准备好可能会突然出现仅打出王字旁，然后空白半页。

哈哈，开个玩笑。

所以现在我过的每一天，确切地说，真的是每半天，每个小时，都觉得是赚来的。早在一个月之前，我就不跟别人定约会了，“择日不如撞日”，明天和小树哪个先来，谁也不知道。

这几周以来，我连当天的事情都只能撞大运，跟朋友开玩笑说聚会的时候要随身带上剪子——剪脐带。于是，我真真正正地体会到了“活在当下”的感觉，这是精神成长的最高境界吧，是各种宗教的大师们推崇的最好的生活态度。我灵修几年不见精进，却没想到在怀孕的最后几天醍醐灌顶了。

和老公一起吃的露天阳台晚餐，也许是我们人生中最后一顿心中全无挂念的二人晚餐，所以每一顿，都细嚼慢咽，无比美味；和妈妈逛的公园，可能是人生最后一次以单纯的女儿——而不是既是女儿又

母亲节（孕37周）

是妈妈的身份——一起逛的，所以每次都觉得鸟语花香，兴趣盎然；和朋友的每一次冒着风险的外出聚会，都可能是人生最后一次不用惦记早回家的聚会，所以每次都觉得放肆尽兴，淋漓尽致；我洗的每一次澡，都可能是未来几天里的最后一个，所以洗完澡那种神清气爽，玉软香温的感觉更加享受；我在电脑前写的每一篇文章，都可能是很长时间以内的最后一篇，所以每次都才思泉涌，奋笔疾书。甚至，我吃的每顿饭，都可能是生产之前的最后一顿，所以要吃好一点，吃饱一点，因为有可能下一顿要十几个小时之后才能吃。

有一个大大的预产期横亘在眼前的时候，我发现，生活品质忽然变高了，我不是说物质水平，我是说生活满意度。每分每秒都有滋有味。剩余时间的数字在每天早上爬起来都会被毫不留情地减掉一天，于是，我的生活效率瞬间提升了。我不再会把时间浪费在马桶上，玩手机看微信的时间也减少了，每天按时起床，按时睡觉，日子过得紧凑而有节制。不仅仅是效率变高，重要性也有了排序。我不再见我不想见的人，取消可有可无的聚会。先做最重要的事，次之的事情用零碎时间补足。时间管理和统筹管理、流程管理，都得以实践和提高。

老公答应我的事情，被我追问时间时，如果习惯性地回答："找一天。"我会问："哪天？随时都会生了。"他就默默地把事情完成了。你看，他的拖延症也被治愈了。

怀孕真伟大。

我对现在的自己很满意，如果再多给我一段时间就好了。

如果再多给我一段时间，我肯定就不是这个状态了。

茶道里面有个词叫作"一期一会"，说的是坐在一起这样喝茶的机会，或许一生只有一次。所以喝每杯茶的时候都要报着感激的心情。因为下次和你对面喝茶的也许不是同样的人了，而且喝到的也不是同样的一杯茶。

这个词对我来说，一直是一个形容词——起到修饰作用，而不是事实的描述。我总是在想要附庸风雅，或者提醒自己珍惜时光的时候用到它。我从没有如此真切地意识到，我的生活，真的是“一期一会”。即使和同样的人能喝到同样的茶，时间不同，每个人的心境也

离预产期还有10天，觉得还有好多不懂的，去书店集中培训一下。（孕38周）

不同了，环境感受都会不同——无论是不是怀孕待产，事实上我们做的每件事，即使看起来相同的每件事，都不是上一次的重演，而是全新发生的一件新的事情。既然是新的事情，就一定会不同，所以都值得我们去细细体会，好好品味。

有时候我觉得好紧张，随时等待那种突如其来排山倒海的痛的感觉，实在有点累，每天生活得如履薄冰。转念一想我觉得简直太有趣了，悬念真是一个好东西，人物、事件，已知。时间、地点、方式，未知。这难道不是一件行为艺术吗？更何况，结局一定是美好的，这是毋庸置疑的。

所以，在时间的计算上，这是“突然死亡法”。但是在事情的进展上，这是“突然诞生法”。

说是“突然”，其实也是提前告知的，有预期的。我们对于即将发生的事情很清楚，也多少做了些准备——够不够充分，还要经过事实的检验。而日常生活中发生的很多其他的事情，我们完全没有被告知，连暗示和线索都没有，就这么突然发生了。比如疾病、失恋，或者灾难，当然，也许是中奖，我们也只有面对和接受的份儿。这才是真正的“惊喜”和“悬念”。

带着悬念和好奇去生活，去过我们每个人都有截止日期的人生，用随遇而安的心态面对每一天可能发生的事情，这就是活在当下的本来意义。这样的日子，多有意思。

孕照拍摄手记

在距离预产期还有一个礼拜的时候，跑去郊区拍孕照，这个主意的确有点冒险。拍摄过程中，我辗转腾挪上蹿下跳越拍越high，玩得不亦乐乎，相信小树也是如此。好消息是，我和小树作为一个整体安全地回来了——而不是分别。

事实上，我对自己的身体越来越自豪，是怀孕之后才开始的。

人生的前几十年，作为一个胸部一直保持70A的天真状态的人来说，细腰是我混迹江湖的唯一武器。虽然胸小，可是我腰细啊！虽然腰细，但是我胸小……胸和腰对我来说就像是鱼和熊掌，永远没办法同时拥有。

我一直认为怀孕是一件特别令人沮丧的事，以至于在街上看到大腹便便、行动笨拙的孕妇们一度心生同情。怀孕之后，女性的身体仿佛就变成了盛孩子的容器——只要食物够美味，谁还会关心碗的形状好不好看呢？

对很多姑娘来说，婚前是一颗明艳的宝珠，一旦怀孕，就变成了怀揣宝珠的椟。所以那些没良心的男人们，在妻子生产之后，就干出了买珠还椟的事。

孕妇当然有可能是美的——母性光辉嘛，生命总是美好的，谁也不能否定母性的美，可那是一个宏观的范畴——但很难是漂亮的，因为在任何一个评价体系里，这样的身体结构都不够完美。

但是真的怀孕之后，我爱上了自己的身体。每天洗澡之后，例行对镜自览，啧啧称赞，并且还要把老公拽过来点几个赞才算满意。原来孕妇，真的可以很美！

我的头发乌黑闪亮。自从怀孕之后，就很少掉头发。所以一头黑缎子显得愈加浓密。

我的皮肤均匀细致，自从怀孕之后，因为激素的变化，我原来容易长痘和出油的野性难驯的皮肤变得安静祥和，散发着柔和的母性光辉。

我的胸部——这是怀孕最大的赠品。自从怀孕之后，我终于也有资格担心胸部会下垂了。把所有低胸的，紧身的衣服都试过一次之后发现，原来从平凡到卓越之间的距离只有两个罩杯。

更重要的是，我的胸部存在的意义，不再是那些附加价值——显示性感，吸引异性，健美体形，提升自信——这只不过是副作用罢了，而每个女性的胸部的本来作用是哺育下一代。这是一个新生命赖以生存的生命之源。还有比这更伟大的使命吗？当乳房用于哺乳，它终于能够成就自己，没有白白被挂在胸前几十年。这时候，它的大小、形状，真的已经不重要了。

我的腰部——呃，自从怀孕之后，我就没有腰部了。腰部合并为

腹部的上半截。

我的腹部丰润饱满，它孕育着人类所有最伟大的词汇，骄傲地挺着，宣告着一个生命的体积和重量。肚子里面是无限的可能，承载着我未来几十年的欢笑和泪水。一个生命，一个崭新的生命，就这样从无到有被我们创造出来，等着去实现他的人生探险。一个令所有人喜悦和祝福的肚子，无论它是尖的、圆的还是长的，都是如此动人。

我的胯部变宽，臀部更厚了。为了容纳和迎接一个新的小伙伴，它们默默地做好了准备。事实上，我的全身都发生着变化。一些是镜子里能看到的，一些是我能感觉到的，更多的变化是在身体之内发生着，像海面下的冰山一样。

供血增加，静脉扩张，子宫增大，乳腺管肿胀……一切都按照事先写好的程序，精准而有序地进行着，不急不缓，恰如一个健康的宝宝所需要的那样。

对于我的头脑来说，孕育一个宝宝是一件无与伦比的神奇事件。对于我的身体来说，孕育一个宝宝是身体的本能，即使再多几个，也保证顺利圆满，不在话下。

想要制造一个生命，上帝尚且要工作六天，女娲还要亲手捏泥，而我们要做的，仅仅是一次美妙的同房，剩下的工作，身体会自动运行完成，无须手动操作。如此设计精妙、功能强大的身体配置，让人怎么不叹服膜拜！无论头身比、四肢比、脂肪含量比，跟内部蕴藏的智慧相比微不足道。我们的身体，值得我们好好爱它。

孕育生命的身体如此美妙，所以一定要用照片记录下来。

我们没有选择常规的方式。

白纱、柔光、低头、浅笑就是所谓"常规"的方式，就是凸显作为准妈妈的母性光辉，看着肚子，就像看着人类的未来。

是的，那很美，那是每个妈妈面对孩子的状态。但是"妈妈"应该是一个名词，而不是形容词。作为怀揣未来的孕妇，她的现在同样应该活出自己的味道。

除了柔情似水，光辉神圣之外，孕妇也可以是火辣的、性感的、帅气的、酷的。腹部隆起，反而使得曲线更加凸显，成就独特的魅力。每个妈妈自己首先是一个美丽的女人，有味道的女人，快乐的女人。属于我们自己的一切都不必因为怀孕改变——如果有，也是变得更好。

我希望多年以后回顾这些照片时，看到的自己是忠于原著的版本。而不是被化妆、造型分散主题，掩盖了真实的样子。所以我们的拍摄没有化妆，没有灯光，也没有精修，当然，如你所见——也没什么服装，喔，其实早上连脸都没有洗。我相信孕育生命的骄傲，对新生活的期待，被宠爱的甜美，都足够让影像够美。

这次的拍摄地点选在一年前我们举办婚礼的地方。熟悉的场地，熟悉的木屋，雕栏玉砌应犹在，宾客们的笑声仿佛还回荡在空气中，我们却已经从两个人变成了三个。婚礼时的激动和甜蜜，变成了衣锦还乡故地重游的感慨。

拍得正酣，一个现场的工作人员向我们走过来。我有点紧张，担心他们会阻止拍摄，或者要求支付场地费。笑脸迎上去，却见到她比我笑得还腼腆。她说，知道我们曾经在这里办过婚礼，现在怀孕了回来拍照，特别羡慕。现在单身的她，想跟我们合影，沾沾喜气。

我脸上的笑瞬间从假的转换成真的："快来快来！我通过肚子全功率发功给你！"

我挺起肚子，让她把双手放在上面，像抱着一个收集信号的大锅。

就像当初，在我婚礼上接到手捧花的姑娘在之后两个月的时间迅速地结婚、怀孕一样，我相信祝福的力量，也相信美好的人会传递美好。思想是有力量的，文字也是一样。

所以，祝福所有看到这些文字的人开心幸福。

和摄影师大树先生一起完成这些作品之后，我就要安心等待我们最大的合作作品——小树的随时吩咐了。这应该是小树作为幕后演员出演的最后留念，屈指可数的日子之后，他将闪亮登场，开始属于自己的剧集。

而我们，最终会在他导演的故事中，成为配角。

决战前夜

上午10点，40W+3，如约住进医院。

一进医生办公室，连医生带护士四个人，目光凛冽，纹丝不动，如四大金刚一样有震慑力。我先被要求签一个“知情同意书”，大意是“手术有风险，实施需谨慎”。罗列了剖宫产手术可能导致的很多突发状况和可怕的后果。一些平时很少见到的触目惊心的血腥字眼赫然纸上。我闭着眼睛签了，心想这无非是个流程，知不知道，手术还得做，不如眼不见心不烦更舒服些。再说，这些毕竟是特例，不会发生在我身上。

递上去，又被医生丢回来，说要原文照抄一遍尾部的警告字样，大意是：我已经知道手术的风险，并且同意在需要的时候切除子宫。

好惊悚！当时就想扔下笔逃掉。

虽然知道如果遇到突发情况，这样的抢救措施也是不得已而为之。但是必须亲手写下这段文字表示同意，也是一件很刺激的事。

医生的脸上没有表情，正如面前这张纸。

我用意志力隔空推送手臂，把它推向刚才被扔掉的笔，僵硬地捡起来，握紧，放在纸上。

抄吧！

其实不仅手术，人生就是如此。每天上街都有出交通事故的可能，被歹徒抢劫的可能，遇到高空坠物的可能，各种意外就在门外——何止门外，室内同样如此——虎视眈眈地盯着我们，等着钻空子，只不过没人逼着我们签知情同意书而已。

这么想来，也许每个人来到这个世界之前，应该先签一个知情免责条款，比如“只负责提供生命，时间长短，概不负责。如有意外，

纯属倒霉”之类的。那么老天爷，或者上帝，就比较不容易背上骂名。医患纠纷，呃，人神纠纷的可能性也少一些。

哎，别闹了，签字吧！

统一穿着条纹服装，统一时间管理，限制探视时间和人数，限制外出……一切都和监狱异曲同工。不同的是——监狱管饭，医院不管。

我以前从来没有住过院，所以这次经历又新奇又紧张。没想到一进屋，就受到同室“狱友”的热烈欢迎。两个姑娘久旱逢甘露一样拉着我嘘寒问暖，介绍医院各项规定，还送上家人探视时给的水果酸奶，俨然前辈迎新。

“每天都是我们两个，无聊死了，可盼来新人儿聊天儿啦！”

三个大肚婆迅速热络地聊起来，内容当然是每个人肚子里的货。

我的两个室友，一个是胎心暂停需要监测，一个是长了两个子宫，而脐带只有一根，入院保胎。

知道我是足月入院待产，她们此起彼伏地表示羡慕。说我是唐僧到了西天，功德圆满。本来我正处在对手术的紧张中，听了她们的话，很是安慰。是啊，无论如何，孕期总算是平安度过。站在第一个山头的红旗下，没有心情体会胜利，迎面已经出现了一座更高的山。

晚上，妈妈来送“牢饭”。

手术前6小时不能进食，手术后12小时不能进食，24小时内只能吃流食……短短十几个小时之后，我即使还有吃饭的能力，也没有吃饭的胃口了。这么算起来，这是几十个小时内我的最后一顿“人间烟火”。所以吃得格外珍惜。

晚上九点，彼此道了晚安之后，我开始独自享用我人生的最后一晚孕期时光。不对——其实并不是“独自”，只是看起来是独自而已。

举杯邀明月，对影成四人。

整个孕期都有家人像对待保护动物一样照顾着我。现在，在最终战役来临的时候，却只能是我一人面对。其实今晚是很容易让人感慨的时候，最需要家人陪伴，没想到陪伴我的，是两个一见如故的室友。有点遗憾，也有意外的温暖。人生的缘分真是奇妙，也许我们此生都不会再遇到，但是对我来说这么重要的一晚，是和她们度过的。

忽然想起上午老公离开医院的时候，把iPad递给我，说里面有送给我的一段视频，让我今晚看。忍了一天，终于是时候了！我打开电脑，插上耳机，传来的音乐是婚礼时我出场时的背景音乐*You're Beautiful*。同时《孕期纪念——送给树妈》几个字，蹦蹦跳跳地出现在屏幕上。

我的肚子和心同时动了一下，笑着哭了。

第一张出现的照片是我手里拿验孕棒大哭，那时候的我满脑子想的是“我怎么这么倒霉”。

第二张照片是我和老公第一次产检，拿着B超照片在医院门口傻笑。

再之后，每次产检，一起出游，孕吐、爱心早饭、公交出行、上孕妇课堂、看胎动、称体重、剪头发、准备婴儿用品……随着孕周的增加，我的肚子变得越来越大。老公用照片记录了我孕期的每个值得纪念的细节。一幕一幕，那么近，所有的感受还呼之欲出。又那么远，这个阶段将要永远地结束。

看起来是一个人，其实是两个人。说是两个人，却是人心隔肚皮，不知人，不知面。只有一个人自说自话。这段特殊的时光，真令人怀念。

今晚，是宝宝与我融为一体的最后几个小时。他只要再作为“胎儿”委屈一晚，明天一早，他就能以一个“婴儿”面世。跟我在一起整整10个月的宝宝，就要离开我的肚子开启属于自己的独立人生。并且以此为原点，一步一步，离我越来越远。再不可能母子一体，血脉相通。

想一想，突然非常不舍得。

我轻柔地抚摸着滚圆的肚子，不断地告诉宝宝我爱他。再多一次体会宝宝在我肚子里的奇妙感觉。我用力地盯着那个已经无比熟悉却即将失去的肚子，希望能永远记住它的样子。

几层皮肤之内，是我们创造的一个鲜活的生命，他将改变很多人

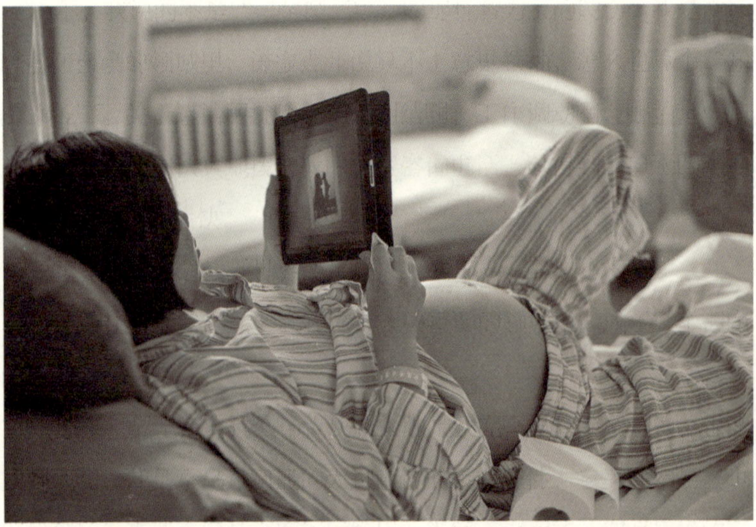

一早起来，妈妈等待手术通知时，在看爸爸特意为妈妈制作的孕期记录回顾视频，记录40周以来所有生活点滴，用期待和祝福的心情迎接小树的到来。

的一生。

几个小时之后，我将成为一名“妈妈”。

妈妈。

两次嘴唇相碰，世界上最简单的发音，简单到每个人第一次说出的语言都是它。

妈妈。

世界上最辛苦的工作，要付出的不仅是时间、金钱，还有全部的身、心和爱。

妈妈。

世界上最温暖的称呼，永远意味着无条件地疼爱、理解和归宿。

肚子里的小树，你知道我是你的妈妈吗？

母亲与孩子之间的缘分，一定是最深厚的一种。不知道是怎样奇

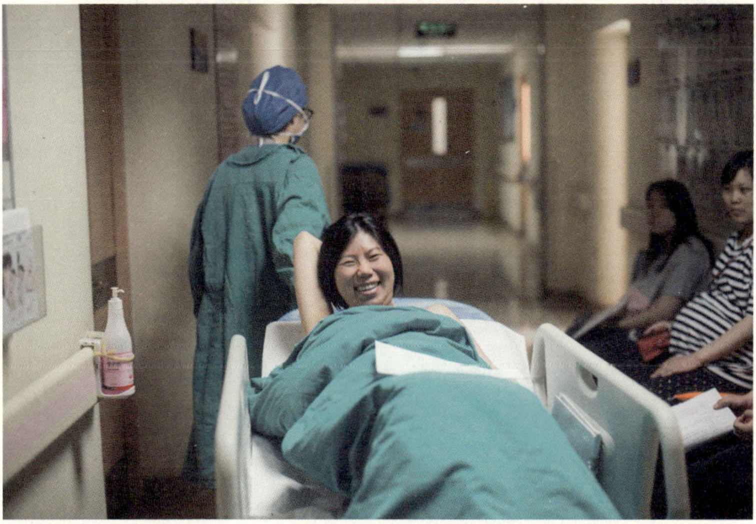

妈妈被推进了手术室——“我一点儿都不紧张。”就要见到小树了，妈妈很high！

妙的因果，让小树成为我们家的一员。不知道经过什么样的甄选，小树会决定让我做妈妈。

我会在未来几十年的时间里，竭尽所能地给你我最好的爱。我从来未曾对任何人付出过的柔情和勇气都会给你。我也会用所有的智慧去教导你，帮助你更好地成为你自己。

你长大会成为什么样的人呢？

你爸爸经常摸着我的肚子，或者说，隔着肚子摸着你，跟我讨论这个问题。我们说过，要把妈妈所有的书给你看，让你养成阅读的习惯，用知识探索这个世界。我们也说过，要从小就发给你一部相机，让爸爸带着你学习摄影，用影像认识这个世界。我们还说过，要经常带你出去旅行，用自己的经历去感知这个世界。我们所做的一切，都只是为你提供尽量多的素材，供你自己来做最后的决定，要成为一个什么样的人。爸爸妈妈只是跟随你的脚步，默默地陪伴和支持，没有预设。

你要成为什么样的人，妈妈也并非毫无预设。

无论如何，请你成为一个温暖的人。希望因为你的到来，这个世界会增加更多的温暖，哪怕只是微小的一点点。

其实，你已经做到了，因为你的到来，你给爸爸妈妈带来了很多的温暖，也给爷爷奶奶姥姥姥爷，给身边的每个亲人，都带来无限的喜悦。他们每一个人，都在兴奋地期待着小树的平安到来。他们都准备好了浓浓的甜甜的爱，在未来的日子里，让小树慢慢品尝。

你真是个幸福的孩子，不是吗？

不可避免的，妈妈老了之后，会离开小树，去另外一个世界。小树长大之后，也会想要离开妈妈，去开创自己的世界。所以我们的生活就像是两条交叉的直线。

你出生前的几十年，爸爸妈妈各自按照自己的轨迹生活，互相寻找。遇到对方之后，很幸福地有了你。没有你的时候，我们有自己的生活和故事，等你有兴趣的时候，拣一些有趣的讲给你听。

虽然爸爸妈妈很想永远陪着你，但是总有一天，我们会离开你。那之后的小树的生活，就只能靠自己去努力。虽然知道小树一定会过得很开心，但是我们恐怕没有办法亲眼看完你的一生。

所以，这么说起来。我们彼此生活相交的时间，也就只有几十年这么长。在你诞生之前，我们的前进方向是靠近你，向你汇聚。在陪你长大，教你成人之后，我们的方向是远离你。

所以，我会珍惜在一起的时间，好好相处，希望我们的相遇，能给彼此带来快乐。

今天，是我作为一个姑娘的最后一天。明天，我将成为一个妈妈。

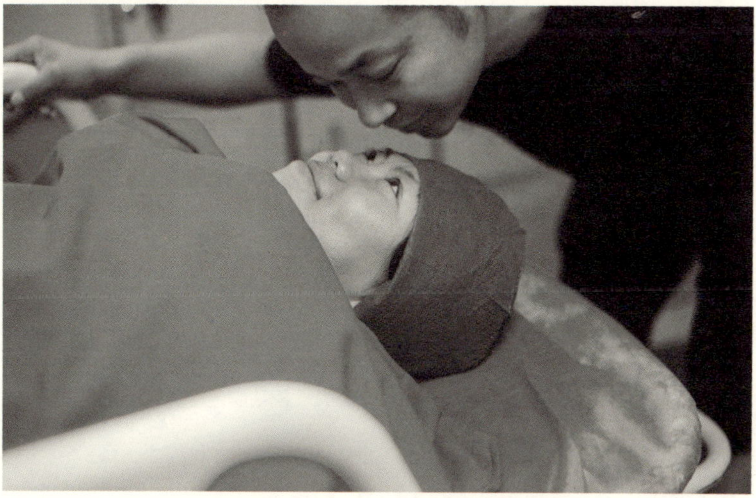

刚刚被推出手术室的树爸和树妈——老婆辛苦了！我们当爸妈了！

幸福的眩晕让我闭上眼睛。我在脑海里为自己响起喧天锣鼓，燃起绚烂的焰火。鲜花、鞭炮、簇拥的笑脸，都应该出现在这里。这是一生中最特别的夜晚。它划分了两个时代。

睁开眼睛，四周一片静谧，两个室友都睡熟了，传来轻微的鼾声。

窗外，夜空墨蓝，月光如水照在我的病号服上。

小树来了

|一肚子幸福|

母爱的回报

真正感觉到对小树的爱，是在他出生之后的第二天。

刚刚经历了剖宫产手术的第一个夜晚，为了不对乳汁造成影响，我选择不打止疼针。20厘米伤口，一夜无眠。

第二天早上10点，医院统一查房。所有人要离开病房。于是我第一次和这个小小的东西单独相处。我因为伤口疼痛动弹不得，月嫂把小树抱到我的臂弯里让他吃奶，然后关门离开。我低头看着小树涨红着小脸，闭着眼睛卖力吸吮，瞬间我满腔柔情，心生感慨，小树突然一撇嘴，开始号啕大哭。他哭得浑身抽搐，全神贯注，嘴巴大张，像要盖住整张脸。

我一下子傻掉了。

我拥有这个小娃娃只有短短的24个小时，我们之间的确还“不太熟”。而且因为伤口疼痛，这24小时里面我们之间所有的交往，都是由月嫂协助完成。

我试图用手臂安慰他，但是他的委屈太大，只手难遮。

于是，在床上连把脚挪动一寸都很费力的我，就像在瞬间打了鸡血，居然在情急之下，一点一点支撑着身体坐了起来。我没力气把小树完全抱起来，但是可以让他半倚半靠在我身上。我用全部的身体拥抱着他，用我所有的力量拥抱着他。直到这个温温热热的小身体止住了哭声。

突然间，他睁开了眼睛，乌黑的，懵懂的大眼睛。一个崭新的生命，第一次睁开眼睛打量这个完全陌生的世界，这样的目光，动人心魄。他的眼睛里面，有对未来精彩生活的千言万语，也有一无所知的纤尘未染。如此干净，美到极致。

他的眼睛看着我，我的眼睛看着他。

我就这样慢慢地流下泪来。

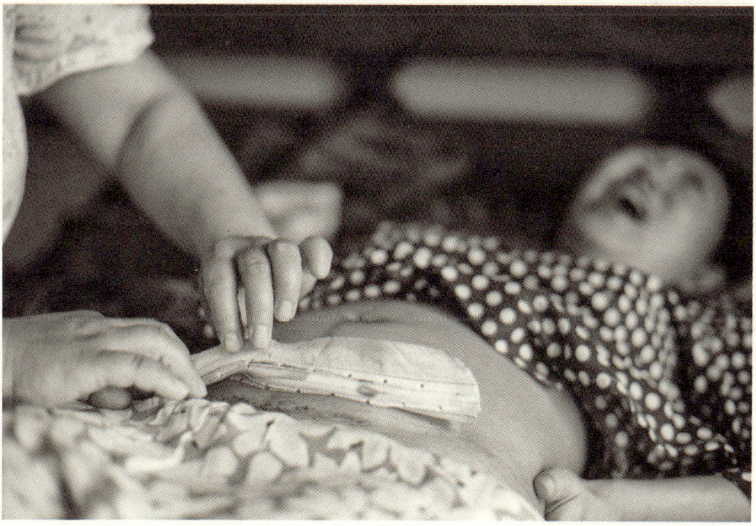

是伤口，也是勋章！

时间停止，背景隐去，除了我们两个之外，所有的存在都失去意义。

我被他的目光击中，毫无反击之力。在那一瞬间，一种叫作母爱的东西充盈全身，循环不息，像乳汁一样，温热绵长，无休无止。

是的，那就是爱。

我看着他的眼睛，哭到泣不成声，边哭边笑。

是的，这是我的宝贝，曾经是我身体的一部分。

一个崭新的生命，一个纯洁清澈的生命。

他已经准备好去看这世界上所有的风景，美的，以及丑的。

他即将经历人世间所有的那些强烈的或者细微的感受，快乐的，以及痛苦的。

手术刚结束，小树第一次吮吸。好疼，好幸福。

他会遇到很多爱，得到的，以及付出的。

他可能会受到伤害，也许，他也会无心地伤害到别人。

他会长大，他会青春勃发，他会结婚生子，他也会衰老颓败。

他会用属于他自己的方式，经历几十年的人生。

巨大的舞台正在眼前铺展开，等待上演属于他的史诗巨著。

而此刻，他就这样安安静静地躺在我的臂弯里，用他第一次睁开的眼睛，缓慢而又勇敢地打量着这个即将提供所有丰富经历的世界。

不疾不徐，坦然淡定。

面对这样干净的眼睛，爱是唯一的选择。

“宝贝，妈妈爱你！”

我心里的声音太大，以至于我不得不把这句疯狂的循环播放的话说出来。

妈妈爱你，爱你这个“无中生有”的小生命。

妈妈邀请你，来这颗星球进行一场精彩的旅行。

从羊水充盈的子宫，到地球上的大千世界，对小树来说，是从未想象的新鲜经历。对于我来说，从天马行空的女孩子，到成为一个孩子的母亲，这期间的巨大变化，同样是前所未有的冲击与挑战。

近在眼前的母乳喂养，伤口恢复，给他洗澡，哄他睡觉，对一个新妈妈来说，都不啻大挑战。还有并不遥远的陪他练习走路，送他上幼儿园，教他学习知识，带他出去旅行，看着他工作，结婚……哪一项都会有妈妈付出的大量心血。

我知道，我需要负担起照顾和培养一个生命的责任，不眠不休地为他操心。

我知道，他会改变我的生活。我的诗意的、浪漫的、不食人间烟火的生活。

我知道，我愿意。

但是现在，我只想这样融化在他的目光里，浑身瘫软地享受这种沉重的幸福。

他们说，爱有两种。

母爱，以及其他的爱。

其他的爱都是以有可能得到回报为前提的，而且双方的付出越均衡，关系就会越持久。而母爱，是不需要回报的，因为孩子永远不可能回报给母亲同样的关爱，孩子永远不可能赋予母亲生命，所以，母爱很伟大。

可是，如果母爱只是付出没有回报，那么现在令我眩晕的幸福是什么？

幸福感，这难道不是小树送给我最大的礼物吗？

虽然我需要无微不至地照顾他，但是他也会用日新月异的变化，让我感受到生命的神奇。

虽然我要辛勤地养育他，但是陪他成长的过程，也让我重新经历轮回，看到我已经忘记的自己。

虽然我为了他要放弃很多自由，但是他也会让我实现人生的完整，帮我成为更好的自己。

虽然我会为了他承受很大压力，精神的和经济的，但是他也会用他可爱的笑容、天真的话语，为我带来巨大的快乐和精神放松。

虽然我会付出很多爱，但是他对我的需要，也会让我充分享受被爱的幸福。

奥地利心理学家维克多·弗兰克说：“投入地去爱一个人，投入地去做一件事，幸福就降临了。”能无限量地去爱，全身心地和所爱的对象融为一体，尽情享受这爱本身。不用考虑任何其他的因素，无须恐惧背叛和分手，这何尝不是一种幸福。

所以你看，母爱也并非不求回报。只不过，回报的形式不太一样。

有的爱像是一种投资，我爱你，对你好，希望你也爱我。如果你不爱我，我很难过，于是我只好不爱你，再去爱别人。理财产品，

产后第二天，第一次抱起小树吃奶。

买了之后，等一段时间，如果赚得越多越开心，如果市场不好没有赚到，最好能保住本金，转投他家。

而母爱像是消费，在钱花出去的那一刻，已然满足。事实上，很多时候我们买一样东西，不是为了商品本身，而是为了追求消费快感。如果能一直不断地购物，大概多半女人都会觉得超级开心吧。在付出母爱的同时，已然得到快感。

当妈的收入形式不是金钱，但是比金钱更直接。一般的流程是赚到金钱，然后再去购买商品，通过商品感受幸福。而母爱摒弃中间环节，以劳动力直接交换幸福感，直达终极目标。这样的回报，减少了通胀风险，提升了效率。

当你看到，因为你的付出，世界上多了一个喜悦的生命。这个生命同时又温暖了很多其他的人，世界因为他的存在而不同，你难道不会觉得自己的人生赚大了吗？

还有比这更大的回报吗？

成为母亲，就是回报。

亲爱的宝贝，谢谢你。

小婴儿能做到的事

小树是一个出生一个月的小婴儿，没有别人的帮助，他几乎什么事也做不了。

身体柔弱，技能空白。且不要说穿衣防寒，脱衣祛暑，处理大小便，洗澡，娱乐，如果没有我的帮助，他连奶头都不能顺利地塞到嘴里。生存尚且堪忧，更别提自理了。小树就像一只寄生虫——呃，他就是一只“寄生虫”——每天被大人们抱来抱去，被动接受各种安排。

小树掌握的唯一能影响这个世界的本领就是——哭。但是这个方法也不是每次都灵。首先，听到哭声的人得殷勤响应。其次，响应的人得正确理解。该塞奶头却给换了尿布，孩子拉了却被拍嗝，想大便却遭到哄睡，这样的事情，常常发生在新手妈妈身上。

于是，小树在无奈地忍耐和妥协中，等待着大人们的理解能力逐渐提升。

造物的安排很有趣。

小马出生后几个小时就能奔跑，小鸟出生后几天就会飞翔，但是身为万物之灵的人，却需要漫长的一年才能学会直立行走，然后需要十几年时间才能真正有能力实现自己的意志。在这之前，他必须像一棵柔软的水草一样攀附着养育者，接受照顾，同时无条件地信任这个世界。

所以，基本上在婴儿时期，他就是一个“废物”。所有事关自己生存的大事，一件都不会做。

除了那些更重要的事，他事实上也能做很多事。

1.实现家庭和谐

总的来说，我跟家里的关系并不差，但是也没多好。当单身文艺

女青年当到超龄的36岁，我跟家里多少有点儿干涩的摩擦疼痛。我家里的三个人就像三棵独立的树，土壤下面的根是深深相连的。但是土壤上面的躯干固守着自己的位置硬邦邦地挺立，彼此之间没有那种叫作“撒娇”的柔软的藤蔓缠绕，无法织成一张细密的网。

是的，我从小就不会撒娇。当我有什么需求的时候，眼前只有“直接说”和“忍住不说”两种选择。我从来不会婉转迂回，巧笑玲珑地达到自己的目的。这项缺失注定了我永远无法攀附别人，只能自力更生。我为此深深抱憾。

当然，这不赖我。这赖我妈。

因为我妈也不会撒娇。

我的记忆中，妈妈从来没有向爸爸或者姥爷，用撒娇的语气争取关注，要求抚慰，或者提出要求。妈妈是典型的刀子嘴豆腐心。可以多做事，多花钱，但是好话欠奉，绝不服软。从小没有撒娇的榜样，且培训缺失，所以我不会撒娇，天经地义。

当然，这也不赖我妈。这赖我姥姥。

在姥姥生活的那个年代，最大的烦恼就是怎么把4个孩子喂饱。每个月底都不得不去跟邻居借钱才能买米熬粥。面对债主的冷脸，撒娇恐怕没什么效果，不如想想怎么尽快还上钱。而面对姥爷每天回家疲惫的神情，撒娇也不是最好的选择，不如捶捶肩，端碗水，然后商量商量这个月的生活费怎么办。从小没有撒娇的榜样，且培训缺失，所以我妈妈不会撒娇，天经地义。

当然，这也不赖我姥姥，这赖我姥姥的妈。

这样祖祖辈辈子子孙孙无穷尽地赖下去也没什么意义。

我们家没有像撒娇一样柔软、迂回、盈润、灵动的土壤，所以无法开出娇艳柔美的花朵，只能结出粗粝坚硬的果实。

而我的爸爸——

呃，当妈妈不在的时候，我们两个可能一天说话都超不过五句。

爸爸的木讷、踏实、执拗，勤劳和不善言辞，使他能成为一个百分百的好人，也使我的记忆中，从来没有被他抱在膝头爱抚的画面。也许有，在我还不记事的时候。

记事之后，却有一个片段一直记到现在。

我8岁的时候，有一天，爸爸带我去自然博物馆。我兴高采烈地出门，没走多远，爸爸让我把开身毛衣底下的最后一个扣子扣上。可能这样能满足他对衣着整齐严谨的需要。

我不肯。刚刚有自我意识的我，坚持着自己的审美。

爸爸说扣上。我说不扣。

几个回合之后，爸爸急了，他说我不扣上扣子就不带我去博物馆。

我说不去就不去。

然后，爸爸就开始往回走。

我也不得不往回走。

然后，我们就没有去博物馆——

因为一粒扣子。

子承父拧而胜于父，一代更比一代硬。由此可见一斑。

所以，你可以理解，当我前几天第一次听到爸爸发出“小乖乖”这3个字的发音的时候，我有多吃惊。其时，爸爸正抱着小树，对着他的嫩脸蛋狂亲。而我和老公四目相对，目不斜视长达5秒。原来在我爸爸的语言体系里面，也是有“小乖乖”3个字存在的。

而后，我又从爸爸嘴里听到过“小宝贝，小可爱，小猪爪，小狗狗”等文字组合，更有一天，爸爸单独和小树在一起的时候，我居然听见爸爸在隔壁房间对小树唱起：“你是我的小苹果，小呀小苹果……”

想必是爸爸的语言中枢中，某个沉睡已久的区域被激活了。如同月球扭头，让我们看到了它的背面。同时被激活的，还有爸爸的柔软、细腻、敏感、体贴。先是对小树，然后对全家，他开始展露更多笑容和关爱。

而妈妈身上，仿佛出现了退行的现象。不仅是跟小树说话，即使是跟爸爸说话，她也经常会出现“今天晚上我们吃豆豆”这样的语言，脸上是和小树呼应的喜悦天真。

爸爸和妈妈也在协力照顾小树的过程中，增加了很多和谐的互动。我忽然意识到，小树出生以后，他们就没吵过架呢！不是没有值得吵架的事情，而是失去了吵架的氛围和心情。更重要的是，失去了吵架的需求——有更好玩的事打发时间，谁还要吵架呢？当两个人的心都变得更加柔软，怎么会吵得起来呢？

于是，小树就像一包强力的柔顺剂，把全家的粗糙坚硬都漂洗得柔软又芬芳，让人忍不住贴在脸上。

小树又像催化剂，激活每个人心里对于家庭的美好向往，尽情享受亲情。

小树是一棵柔软蜿蜒的藤蔓，把3棵大树之间的空间织上细密的网，网住温暖欢愉。

2.促进个人成长

有一天，当爸爸给小树洗完澡之后，妈妈笑着对爸爸说：“谢谢姥爷，辛苦工作一天还给小树洗澡，真是好姥爷！”

我张大嘴看着妈妈，要知道，他们夫妻之间从未有过如此直白的鼓励和赞美。

“我希望小树以后有礼貌，学会感恩，”妈妈看出我的惊讶，跟我解释说，“我们怎么做，他就会照做，比教他多少道理都有用得多。咱们家人都不善于表达，我希望小树做得更好。”

是的，言传身教，是教育的最高境界。希望孩子成为什么样，家长自己就要做到什么样。

为了“教育”小树，为了成为榜样，家长们被迫不断努力，成为更好的自己。

于是，我跟爸妈相处的时候，时刻记得更有礼貌，因为我希望小树长大尊重我。

我们每天的生活安排，变得更加规律，因为我们希望小树起居有度。

答应别人的事，尽量做到，因为希望小树言而有信。

想做的事，即使遇到困难也努力坚持，因为希望小树坚韧不拔。

遇到不开心的事情，想抱怨却没说出口，因为希望小树积极乐观。

小树是一面镜子，他的优点，是我们给的。他的缺点，也是。

3.更新健康理念

没孩子之前，我的命是我自己的。

有孩子之后，我的命还是我自己的，但也是他的。

没有了我，小树不至于没命，但是会活得很难。所以我一定要尽量活得久一点，活得健康一点、开心一点。为了我自己，也为了多陪陪他，为了让他拥有妈妈的时间尽量久一点。

“小树多幸福啊，”我常常跟家人说，“有这么多人爱他。爸爸妈妈、姥姥姥爷、爷爷奶奶、叔叔阿姨、哥哥姐姐……我们要让他一直这么幸福下去。”

不仅妈妈是唯一的，爸爸也是唯一的。小树拥有的每一个亲戚，都是唯一的。为了让小树的每一个亲戚的名称不仅仅是一个称呼，而是一个鲜活存在的人，我们必须都努力活得更好一点，活得更久一点。

我们的存在不仅是为了我们自己，也是为了多一个人爱他。

所以，我们比以往都更注重健康。

爸爸顺从地咽下我递上的维生素，虽然以前从来都说“不”。

妈妈主动给全家人每天准备柠檬水，虽然以前她总觉得太酸不肯喝。

老公终于办了价格不菲的按摩卡，虽然以前总是觉得贵。

我开始努力吃些瘦肉，虽然以前从来块肉不沾。

其实我们都知道，维生素、柠檬水、按摩和高蛋白，都未必能对身体有那么大的改变。但是首先改变的是我们对待自己身体的态度。

往健康的银行里面存钱，往健康的炉火里面添柴，这是小树督促我们做的。

4.养成卫生习惯

饭前洗手，室内换鞋，每天洗澡，定时消毒餐具和衣物……这些基本的卫生习惯，在我家贯彻得并不好。仅仅是“进门先洗手”这件事，我妈苦口婆心地跟我爸说了几十年，也没见有什么改善。

“一会儿再说。”是我爸通常的应对。而这个“一会儿”的长度从半小时到一晚上不等。常常是等到吃饭时我爸刚拿起筷子，就被眼尖的我和妈妈炮轰“还没洗手”！

有时候爸爸会去应付一下，洗个手。有时候仍然是“一会儿再说”。

自从小树回到家的第一天，我爸像是醍醐灌顶一样改过自新。每天回家进门的路线自动重新设置为大门——鞋柜——卫生间——小树。精准无误。

果然是“非不能也，实不为也”。为了小树，万事可为。

见证这个惊天大逆转的我妈，故意当着我爸跟小树说谢谢，“谢谢小树，姥姥没做到的事，小树做到了。姥爷现在变成一个爱干净的姥爷啦！”

小树傻乎乎地对着我妈乐。

我爸一扭脸，走了。

5.正确掌握度量衡

把50克奶粉加入100毫升水，加热到40℃。

面对这个任务，两个月前我还会觉得无所适从。现在我已经能娴熟地掌握各种固体的质量、液体的容量，以及温度、长度等各种度量衡的单位，基本实现“一抓准”。

小树出生的时候是50厘米。之后增长的每一厘米，都是在我的眼皮底下日积月累的。

小树刚开始每次吃20毫升的奶，然后是30毫升、50毫升、150毫升、200毫升，每一点滴，都是我处心积虑用鸡汤、阿胶、下奶茶换来的。

小树从6斤8两开始，增加的每一两，都是在全家的精心照顾热切期盼下长的。

小树的最适宜室温是26℃，小树的正常体温是36.8℃，小树喝的奶温度是40℃，小树的洗澡水温是37℃～38℃，所有温度的每一格增减，都是精心调试过的。

所有这些之前与我互不相识的度量单位，现在都事关小树的健康舒适，所以意义重大。我也由此拓宽了一个新的知识领域。

6.改善睡眠质量

自从有了小树，日子每天都像过年一样——除夕晚上熬夜，大年初一早起——困啊！

每两个小时喂一次奶，再加上吸奶。每天晚上的睡眠时间被切割得稀碎。于是，睡眠时间的效率大大提升。所有“低垂的睫毛上如云烟一般的惆怅”都被睡意挤得无地自容。因为这个婴儿，我真的做到了在睡着的时间里“睡得像婴儿一样”了。

不仅如此，全家人的睡眠质量都比以前提高了。身体更辛苦，而精神更愉悦，这恐怕是对睡眠来说最重要的两点，托小树的福，都做到了。

我妈妈一直有失眠的问题。入睡很难，经常惊醒。自从小树出生，妈妈一天10小时，一周7天帮我照顾小树。陪玩，哄睡，还要做饭，洗衣服，很是辛苦。当然这辛苦在看到小树卖萌之后，很快就转变成了开心。随之而来的好消息是，妈妈的失眠被治愈了。这是我们之前试过泡脚、按摩等各种方法，都没能做到的。

7.扩大社交范围

生小树之前，我一直生活在地球上一个叫作“文艺女青年”的固定区域。这个领域的人的主要特征就是有文化、有腔调、有时间。读书、听音乐、思考是她们的三大爱好。而且由于文艺女青年的长裙、黑发、清瘦等外部特征，她们很容易在人群中认出彼此，就像在班级中找到老乡，然后手拉手，用属于文艺女青年的语言进行沟通。广东人相见说粤语，北京人相见说北京话，文艺女青年聊天，聊人艺话剧，聊村上春树，聊朴树。（咦？为什么我爱的人，名字里都有树字）她们只喜欢和同类沟通。那些思想和情怀，只有她们之间才懂。二十五六岁的那几年，在我的择友标准里，第一条就是“读过《挪威的森林》”。

有了小树之后，我惊讶地发现，原来地球上，还有另外一片我从未涉足的全新世界。这个世界的每个生物都曾经在体内孕育过一只幼崽，她们经历过巨大的生产的痛苦，她们通过母乳喂养的方式，把初生幼崽培养到独立行走、语言交流，乃至自食其力。她们为了这个物种的延续，不断地付出时间和精力，对后代给予无微不至的照顾。她们看似柔弱，却拥有惊人的力量和韧性。

这个族群，叫作妈妈。那些艰辛与幸福，只有她们之间才懂。

于是，我成了楼下带孙子的那个大妈的好学生，听她讲夏天治疗湿疹的小偏方，顺便聊聊北京的天气；我成了楼上那个哺乳期小妹的好朋友，一起交流母乳喂养的好办法，有时也说说现在的物价；我和小区里孩子年纪差不多的妈妈们成了好姐妹，分享育儿经验，也分享家长里短，一地鸡毛。

“孩子”这个话题仿佛是一张社交通行证，我不仅交到了很多妈妈朋友，也享受到更多交流的乐趣。

街边80岁的奶奶，会从逗弄小树开始，一直跟我谈起她20岁时生孩子的趣事；车库门口的保安，会用羡慕的笑容看着我和小树，然后谈起他远在山东老家的4岁儿子和怀二胎待产的老婆；电梯里遇到的保洁阿姨，也会对我抱孩子的动作指点一二。

只要带着小树出门，总能遇到主动交流和分享的人。这个世界里的每个人，都仿佛变得更加温暖、开朗，充满善意。

原来不需要读过《挪威的森林》，我也会和那么多人有共同语言。原来聊聊人间烟火，凡尘琐事，也能那么有趣。因为小树，我的世界变大了。在这个更大的世界里，获得快乐的渠道那么多，获得快乐的门槛那么低。

8.提升幸福指数

前几天一个很久不见的朋友来看我，说我整个状态变得更好了。

我说我每天夜里喂奶困得不行，哪里会状态好。

她说真的真的，皮肤都变好了，整个人很有神采。

我谦虚说哪里哪里，可能是最近猪蹄汤、排骨汤、乌鸡汤喝得特别多的原因。

她说不是不是，你眉心的“川”字纹都看不出来了。以前你总喜欢皱眉头，我还偷偷替你觉得遗憾，挺好看的姑娘，“川”字纹那么深。

喔?

我赶快跑到镜子前面。一个多月顾不上洗脸的我，都已经忘了自己的样子。

镜子里那个面如满月的新妈妈，皮肤的确是细腻均匀。以前法国护肤品无能为力的眉心纹，仿佛真的是不太明显了。

“会不会是胖了，撑的？”我依然心存疑虑，对着镜子反复验证。

“要想胖得把眉心纹都撑开，你的脑门得胖成寿星佬才行！”朋友说，“不是胖瘦的问题，是脸上很有神采，精神状态特别好。”

喔？真的？

我开心地再看向镜子，得到了肯定的答案。

“那可能是，我最近真的是笑得更多了。”

第一次看到小树的笑容时，我整个人融化到四肢无力，欣喜若狂。小婴儿天真无邪的笑容如此迷人，让人上瘾。一开始，他的笑容能触发我的笑。他的轻盈浅笑，总在我脸上放大。再后来，我的笑容也能触发他的笑。我们四目相对时的那种幸福的感动，是对做妈妈所有辛苦的最大回报。

于是，微笑就在两个人的脸上不断传递着，笑的间隔越来越短。直到微笑从一种表情，成为一种恒常的心情。

在我写下这些文字的时候，脑子里回想着小树迷人的笑容，然后，我的乳房忽然汹涌地流下奶来。这是人体结构的奇妙之处，是母爱的本能反应。

美国一个著名的心理学实验表明，人不仅仅是因为快乐导致微笑，也会因为微笑导致快乐。仅仅是故意在脸上做出笑的表情，也会感觉到愉快。参加试验的志愿者们，被要求面带微笑或者做出悲伤的表情读不同的文章时，分别会记住更多快乐的，或者让人沮丧的文章内容。可见表情对心情的影响程度。

也许是笑得多了，所以我更开心了。

也许是更开心了，所以我笑得多了。

总之，我和家人每天脸上都是笑容。那种发自肺腑的开怀大笑，已经很多年没有在我家出现过，却在小树来了之后出现了，并成为每天起床的动力。

妈妈说，小树是最好的心理治疗师。

妈妈说，我们都应该感谢小树，他让我们更幸福。

事实上，小树送我最大的礼物是，他给了我一个“家”。

当然，跟爸妈在一起的时候，我们是一个家。我是女儿，那是爸爸妈妈的家。

跟老公在一起的时候，我们也是一个家。我是妻子，那是我们两个人甜蜜温暖的家。

当小树到来之后，我是女儿、妻子，更是母亲。当我同时拥有这三种身份的时候，这是萦绕着人间烟火的、热闹忙碌的、世俗上完整的家。

给我们更丰富的体验，更细腻的感受。让我们得以更深入地品尝生活中那些复杂的关系和简单的快乐，更立体地生活在这个美妙和丑恶共存的世界上，走更多道路，看更多风景。

这就是一个小婴儿能做到的事。

昨日重现

“妈，那我走了啊。”

“好，早去早回。”

我走出门，快到电梯的时候，后面传来开门的声音。一阵烦躁掠过，吹皱一池春水。

“那个……”妈妈的头从家里探出来，叫住我，“外面很晒，你应该戴个墨镜。”

“不用！”我条件反射地回答，头也不回。

答完才意识到，其实今天真的应该戴墨镜出门的，不然会被晒得很惨。可是不戴也就不戴了，我才不要回去取。回头看去，妈妈正默默地关上家门。

我心里一沉。

每次跟妈妈打电话说完“没事了，那挂了”之后，或者从家里出门，迈出一只脚，妈妈一定会跟上来，说一句“那个……”，我就知道，又来了！她又要例行给我一些提醒。比如“明天天冷要穿厚点儿啊，你出差别忘身份证啊，晚上睡觉记得关窗啊，今天晚上早点儿上床啊”！都是一些毫无技术含量的唠叨。通常我都会不假思索地忽略掉。我希望妈妈少为我操点儿心，哪怕让脑子多休息一下也是好的。

自己想起来也会觉得好笑，在妈妈面前，我就像一个永远处于青春期的孩子，总是用抗拒来证明着“我可以！我能行！我已经长大了！让我离开你的翅膀吧”！

有时候，妈妈也会抱怨我对她态度不好。我跟妈妈说，我宁可自己忘带东西，就当作是一个教训，也不希望她总是惦记着我的事情，为我担一份心。

“即使你觉得烦我也要提醒你。万一有用就帮到你了，如果没有用顶多让你烦一下好了。”

面对这样的表白，我还能说什么呢？

当然，妈妈很爱我。

当然，我很爱妈妈。

妈妈很爱我的表现，就是7×24×365×360度的无微不至、不眠不休的关心。妈妈是那种很传统的妈妈，她对我的爱，是那种细碎到骨髓的爱。从衣服增减到结婚就业，妈妈为我操碎了心，她的心碎掉的每一片，都顽强地重新长成一颗完整的对我的关心。于是，我被妈妈的关心包围了。

我想可能是因为姥姥去世得早，妈妈深深知道母爱的珍贵，所以想加倍地给我。但是有时候，过量会引起逆反。

我很爱妈妈的表现，就是拒绝她的关心。

因为我相信我的感谢会带来更多的关心，我担心我的接受会让她更加乐于奉献对我的关心。我希望妈妈有她自己的需求和乐趣，我希望妈妈不再为我做牺牲，而是为她自己提要求。我希望妈妈少一些对我的关心，多一些对自己的爱护。

直到我37岁的今天，妈妈依然会把好水果留给我，自己理所应当地吃掉那个不太好的。

妈妈会在做饭前征求我的意见，从来不说她自己想吃什么。

妈妈会自己提着重重的包给我送来大米和食用油，仅仅是因为“你家里的快吃完了”，完全无视我家楼下就是超市。

妈妈会在我睡觉的时候偷偷给我收拾屋子，并且小心翼翼地让每样东西归位，免得被我睡醒发现。

妈妈会趁我不在的时候给我把浅色的衣服手洗干净，因为“用洗衣机洗不干净，你看你的白衣服都黄了”。

妈妈做的所有，得到的反馈都是我粗暴的“不”！

我不能接受自己做一个吃“好水果”的不懂事的孩子。我也不舍得妈妈收拾完屋子累得腰酸背疼，把我给她买的外国营养品的疗效完全抵消。我觉得，跟白衣服白的程度相比，妈妈的休息更重要。

所以我一直在跟妈妈说“不”。

“妈，不用了。”

“妈，你别管。”

“妈，我有洗衣机，我自己洗。”

“妈，都跟你说过多少遍了，我不需要！”

“妈，以后我的衣服你别动！”

这样的关心与抗拒的拉锯战上演多年，妈妈的爱渐渐变成一种沉重的负担，让我又心疼又无奈。直到小树出生——也并没有改善。反而因为妈妈帮我照顾小树每天见面，摩擦愈演愈烈。

有一天，小树在我怀里午睡。我抱着他站在窗边，透过他的皮肤，能看到外面的阳光。他的皮肤细腻均匀，呈现出迷人的透明的光泽。他的呼吸均匀安详，微张的小嘴哈出甜软奶香。他的睫毛又弯又

长，他的小嘴粉红细嫩。我心里一声巨响，像是大坝决口，母爱奔腾汹涌，泛滥无边。我希望能永远这么抱着他，感受着这股令人眩晕的幸福感动。

我愿意为怀里的这个小人儿做任何事。这是一个甜蜜的监狱，我一辈子再也没有办法离开。

那一瞬间，我忽然意识到，这也是妈妈对我的感受。

我对小树的爱，正如妈妈对我的爱。

妈妈一定也曾经这样抱着婴儿时候的我，呆呆地看着我稚嫩的小脸，感受这令人眩晕的幸福。妈妈一定也曾经泛起无限柔情，发誓要保护她怀里的宝贝，愿意为她做任何事。妈妈一定也曾经反复亲吻我的小脸蛋，但愿我能永远这样柔软地依偎在她怀里。

就像电影蒙太奇的镜头，我仿佛看到我抱着小树的身影，和妈妈抱着我的身影合而为一了。妈妈描述中的那些她和我相处的画面，一下子有了感觉。

不幸的是，或者说，正如妈妈期待的那样，我长大了。

我不再需要她的怀抱也能安然入睡，我不再需要她的乳汁也能大快朵颐，我不再需要她洗澡加衣，也能把自己打理得光鲜靓丽。我明亮清澈的眼睛，更多时候会越过她，望向外面的精彩世界。

妈妈能给的，都已经给了。她能继续表达关心的方式，只有把“好水果”留给我，做我想吃的饭，给我买东西，帮我收拾屋子，帮我一次次地把白衣服洗得更干净，只有不厌其烦的热切叮嘱，即使通常都会被我拒绝……

妈妈爱我的心永远不会改变，但是我不再像小时候一样，欣然接受她爱我的方式。

事实上，并不需要用想象去回忆，当初妈妈照顾我的场景，每天都在我眼前重现——就像她对小树。

蒙太奇镜头再次出现，这一次，是婴儿时期的我，和小树的样子重叠在一起。

妈妈把小树高高地举过头顶，小树发出咯咯的笑声——就像小时候的我对着妈妈正笑得开心。小树睡醒大哭，妈妈把他紧紧抱在怀里百般抚慰——就像我正在妈妈怀里轻声抽噎。妈妈一边唱着“小燕子，穿花衣”，一边轻柔地给小树洗澡换衣，刚满月的我和刚满月的小树一起，目不转睛地看着妈妈，欣赏她深情的歌声。

原来37年前，妈妈就是像现在这样，一口奶，一次觉，一泡屎地熬过来的。原来妈妈对我的爱是这样的。不仅仅是现在那些重复的提醒、唠叨，买东西、做饭、收拾屋子、洗衣服，更有我们曾经一起经历过的那些迷人的心动时刻。

再看到妈妈的时候，我觉得我懂她了。

不是用脑袋，而是用心。

不是懂那些她爱我的道理，而是懂她爱我的感受。

天下妈妈的心都是相通的。有一天，小树也会不再需要我琐碎的关心。无论他如何用行动和语言证明他“长大了”。我还是会忍不住想要给他多一些提醒，为他想多一些，做多一些。

当小树真的变成一棵参天大树，变成下属眼里的雷厉风行，变成姑娘眼里的风度翩翩，变成朋友眼中的仗义爽快。我看到他时，还是会想起他在我怀里吃完奶酣睡的样子：他的皮肤细腻均匀，呈现出迷人的透明的光泽；他的呼吸均匀安详，微张的小嘴哈出甜软奶香；他的睫毛又弯又长；他的小嘴粉红细嫩。

从他出生的那一刻开始，我就是这样，把他抱在怀里，看他睡觉，喂他吃奶，被他打动的那颗心，从来都没有变过。

所以，无论我如何努力证明我已经“长大了”都是无济于事的。妈妈对孩子的关心，自然得像呼吸，永远不会停止。

下次要挂电话，或者出门前，再听到妈妈说“那个……”，就笑着感恩吧，那是妈妈从37年前把我抱在怀里开始，绵延至今的爱。

“那个……谢谢妈！”

衣柜里的编年史

生完孩子之后，随着胸围和腹围的膨胀，衣橱也不可避免地膨胀起来。当衣柜门第五次一打开就有衣服滚落的时候，我终于决定来一次彻底的大整理。

掉在地上的衣服是一件我最近常穿的花睡裙。它的胸够低，喂奶很方便；它够宽松，胖了之后穿着正合适；它的颜色是小婴儿最喜欢的黑白花；它的材质是舒服的真丝；它简直就像是为我喂奶的这个阶段量身定做的——事实上真的是。它是我前男友的妈妈亲手为我定做的。

我是说，五年前。

五年前，他妈妈很喜欢我，不但经常送礼物，还亲手做了这条睡裙给我。她也许希望我会穿着这条裙子和她儿子共赴鸳梦，却没想到几个月之后，他决定和别的姑娘共赴鸳梦。而这条裙子因为当时太肥，一直没上过身。

我们分手之后，为了避免触景伤情，这件衣服被我藏在衣柜最深的地方。藏着藏着就忘记了，直到几个月前，在为怀孕和坐月子准备衣服的时候，才把它从角落里面揪出来。虽然已经被压得皱巴巴不成形，但是试了之后发现，还真合适。

于是，这件带着前男友妈妈的针脚和祝福的睡裙，成为我的御用喂奶服团队的得力干将。我经常穿着它，把儿子抱在怀里，也经常穿着它，被老公抱在怀里。

还留着这件衣服干什么？是因为心里还有他吗？

还能留着这件衣服，是因为心里真的没有他了。它对我，只存在作为一件衣服的功能性，而没有任何象征意义了。

人生真的很奇妙，不到最恰当的时候，你永远没办法提前知道，一段经历或者一件物品对你的真正意义或者说用处究竟是什么。果然是“每件事的发生都是有原因的”，只是这个原因，我们可能无法马上知道。一切都是上天提前安排好的，不必纠结，顺流而下安心享用就好。

就像我衣橱里面，其他的那些衣服：

一件翠绿色的旗袍，是结婚前量身定做的。只穿过一次，现在试起来已经系不上扣子了。

一条粗麻的裙子，是小叔几年前已经离婚的老婆送给我的，如今他们两个早就互相“散落在天涯”，小叔和现在的老婆的孩子都已经5岁了。但是他前妻穿过的裙子，现在还穿在我身上。

一条黑底白点的赫本风的连衣裙，恰到好处地中和我的内心狂野。简洁大方，相亲专用。两年前，我曾经每周披上这件战袍，从西到东穿越北京城，到相亲网站的办公室去打一场剩女翻身仗，可惜屡战屡败。

一件灰色的大妈款西服，是我刚当上“小白领”的时候，按照公司的正装要求置办的，当时因为不想穿正装，还和HR吵了一架，现在公司都已经倒闭了，这件衣服还灰头土脸地缩在衣柜里。

一条黑色的吊带小礼服，是我年少轻狂的时候出门“鬼混”常穿的，满足于周末的那些聚会和party，把高跟鞋当成了水晶鞋，以为踩上就能变公主。

一件奥运吉祥物大熊猫晶晶的T恤，是当时男朋友买给我穿着去看比赛的。没想到我和大熊猫去看比赛，他和别的姑娘去了。

是啊，我还真能留！说也奇怪，有些衣服新买了一季都还没怎么穿就芳踪不见，给人了或者捐掉了。而有些衣服，并不是特别钟爱，

却阴差阳错地陪伴了我20年的时间。

衣服是和身体最亲近的东西，因而感染的气息也最多。在不同的场合，精心挑选不同的衣服出门时，那件衣服就和我融合在一起，成为我身体的一部分。它和我一起经历那些记忆中的时刻，一起经历当时的兴奋或者低落，也为那刻的我带来过骄傲，或者尴尬。

每件衣服都有属于自己的故事，看到它们就会回到当时穿着这件衣服的时候的我，重新体会我的生活，我的状态。然后难免对比现在，抚今追昔。

现在的我，胸大了，胸怀也大了。肚子大了，肚量也大了。

腰围二尺二的我，想向腰围一尺七的我说，除了羡慕，还有感谢和感慨。随着腰围增加的是经历和越来越多的内心的安定。

腰围一尺七的我，想向腰围二尺二的我说的是欣慰和祝福。年轻时想要的，都已经得到。这5寸之间，是十几年的欢笑和泪水。

于是，一次收拾衣柜的常规家务，最后变成了人生回顾，追忆逝水年华。仿佛柜子里整齐码放的，不仅是衣服，还是我一路走来百味杂陈的编年史。

收拾好的衣柜清静有序，多出来很多空间。

那一刻，我的心也轻松了很多，就好像清理了很多记忆。

整理出来一大摞不要的衣服。有的是穿着不合适了，有的是样子不合适了。有的是买的时候就不是很喜欢，放了很久都没穿过，不如送给更适合的人穿。

把衣服打包快递之后，目送着快递员的背影，我在心里默默挥手，告别那些衣服承载的岁月，告别曾经亲密陪伴我那些岁月的好友，更告别那些岁月里的自己。

衣服瘦了，就给出去吧，毕竟它已经不适合现在的身材。

好的坏的经历，都过去吧，毕竟已经不适合现在的心情。

总有新衣服可以买，更合适、更喜欢的新衣服。

就像总有未来应该期待，更美好、更幸福的未来。

后记

给妈妈的信

所以，终于，到了这里。

这本书接近尾声的时候，它对我来说真正地开始了。

面前的这一页空白屏幕，对我来说是一个珍贵的机会，我要用它来说一句话：

妈妈，我爱你！

小树出生之后，妈妈每天来家里帮我带小树。于是我得以有一些时间坐在电脑前“思考”，或者躺在被窝里补觉。

我的耳畔经常传来妈妈和小树柔声细语的一个人的“对话”：

“小树，吃饭饭喽。”

“小树，小熊来找你玩儿了，你想跟小熊玩儿什么呀？”

“小树，加油往前爬，小树真是个好孩子。”

每当这时候，我总是没办法专心“思考”或者睡觉，这感觉太幸福，我不舍得离开。

很多次，我陶醉地看着妈妈逗弄小树的时候，我问妈妈：“我小时候，你是这样对我的吗？”

“当然了，孩子都是得这么带大啊！”妈妈回答得理所应当。

可是这答案让当时正在切菜的我，背过身，努力垂下头，不让妈妈看到我对着案板上切了一半的芹菜滴下的眼泪。

“原来我是这么长大的。原来我是这样在妈妈因为我不肯睡觉所以牺牲一个个午觉，为了先喂我所以吃一顿顿冷饭，为了哄我睡觉唱的一首首儿歌里面，时复一时，日复一日，年复一年地长大的。”

眼睁睁地看着妈妈抱着小树，就像看着妈妈抱着小时候的自己。

妈妈那么好，我对她不够好。

我在妈妈忘记吃我给她买的保健品的时候埋怨她，我在她不会用手机的时候嘲笑她，我在她逛展销会的时候又买了我不需要的衣服的时候大声地对她嚷。

妈妈很难过。

可是妈妈，你不知道。我真的非常生气。

我生气的对象不是妈妈，是时间。

我的妈妈是健康的，我的妈妈应该永远陪着我。是时间让她衰老，体虚多病。我能做的只有逼着她吃下越来越多的保健品，希望能留住她的健康。

我的妈妈是智慧的，我的妈妈应该永远是那个把汉语拼音写成卡片藏在家里让我在游戏中学习的引领我的妈妈。是时间让她变笨了，手机也用不好。我只有一遍遍地告诉她“朋友圈”的玩法，让她能了解我的世界。

我的妈妈是漂亮的，我的妈妈应该永远是那个得意地穿着自己亲手做的连衣裙被人夸奖的精神焕发的样子。是时间让她把更多的关注放在我身上，自己总是穿着旧衣服。我只有一遍遍地告诉她“不要！不要！不要不要！！！”想让她把对我的爱，放一点点在她自己身上。

妈妈，我不仅生气，我简直恨。

我恨时光流逝，把我小时候的妈妈变了样子。

可是妈妈我爱你。

我爱你所有的样子。

我越来越爱你，因为我越来越知道你的样子为了什么改变。

我越来越爱你，因为我高兴地看到，你有很多东西没有变。

白内障加老花眼的妈妈依然会看书学习，《三体》《蒋勋说红楼》《当下的力量》，所有我看了喜欢的书都会推荐给妈妈，妈妈会认真地读完，跟我交流感受。

妈妈在带小树的间隙依然很有生活情趣地养花、做手工。给我放首饰用的木头人偶做了衣服穿上，默默地等着看我偶然发现时惊讶的样子。

年近七十的妈妈依然喜欢旅行，美国、埃及、法国……每年都会和爸爸去新的地方，妈妈走过的国家比我还多。

爱学习，有生活情趣，探索未知……妈妈，带着你的特质的血液，也流在我的身体里，也同样在小树的身体里，不会改变。

妈妈，这是你送给我的最珍贵的礼物。

是的，我是一个“作家”，我擅长使用文字表达自己。我写情感杂文，我悲天悯人、愤世嫉俗、洋洋洒洒、口水四溅，可是，我从来不敢写妈妈。

因为妈妈太好，我永远写不好她。

妈妈，其实我真的只想说一句话：我爱你！谢谢你对我做过的一切。拥有你的爱，我如此幸福。Im nosto od diate erat. Lisci estrud

附　录

每天10分钟，用自我催眠的方式和宝宝沟通

自我催眠，有助于身体的放松、舒适，同时能够帮助孕妈妈缓解焦虑，从精神上准备好成为母亲。通过增强信念创造自己的实像。同时，也是和胎宝宝沟通的有效手段，试试看，它真的会帮你感受到和宝宝之间爱的流动。

双脚平放在地面，用舒服的姿势坐好， 脊椎挺直。

想象自己身处你最喜欢的地方，一个属于你自己的、舒适的、安全的地方。想象这个地方的景象、声音，感受自己，让自己慢慢进入一种很舒适松。

想一想你期待中的宝宝的可爱样子。想想你有多么期待宝宝的到来。想象一下，你对宝宝的爱，充满了整个身体，洋溢在你的羊水中，无时无刻环绕着宝宝的身体。他对此感到非常满足和舒服。

想象你的宝宝正在对你微笑，他正在接受你传递的信息。

继续放松、放松你的身体，舒缓你的肌肉。你知道宝宝一定会是健康、强壮的。你可以想象一下当宝宝出生后，你们相处时幸福的感

觉。当你成为妈妈，你本能地知道该如何去照顾你的宝宝，这份关系令你非常快乐。

你欣然地接受生活中可能的变化，你看着成为妈妈的自己在微笑，自己是如此的有魅力、有能力，同时被爱围绕。

10分钟之后，睁开眼睛，伸一个懒腰，回复到现实之中。

（感谢我的催眠师朋友张思娜对本文的贡献。）

给宝宝的邀请函

你邀请宝宝来的是一个怎样的世界？你会如何向他介绍这里？

宝宝即将加入的是一个怎样的家庭？你如何向他介绍每个成员，他们又是多么期待他的到来？

试着用文字给这个由你带到世界上来的宝宝写一封邀请函吧，告诉他这个世界的美好。

整个孕期

在女儿和母亲之间的这难忘的10个月，是身为女性最特别的经历。

记录下这段时光所有的感慨和感受，不仅是自己人生的丰富宝藏，也是给宝宝生命“前传”的珍贵礼物。

整个孕期，让我最难忘的事：

让我最感恩的事：

让我觉得最辛苦的一件事：

得知自己怀孕的那一刻，我的感受：

我最喜欢的一张孕照是：

我最爱吃的食物是：

我最想吃又不能吃的食物是：

我最喜欢的音乐是：

我最爱看的书是：

给我最大支持的人：

我曾经崩溃的经历：

我最难忘的一次经历：

其他值得纪念的事：

写给自己的一封感谢信

怀胎十个月，辛苦了！

我还是那个我，但是我即将如此不同。

我会带来一个崭新的生命，我也会因此获得新生。

站在这两段人生的分水岭上，有什么想对自己说的？

只有我自己，才最理解我的辛苦、我的紧张、我的期待和我的勇气。

在这里，用文字抱抱自己，感谢自己的付出，恭喜自己，即将成为一个伟大的女性。

写给即将见面的孩子

你希望自己的宝宝是一个什么样的人?

他的眼睛像谁，他的鼻子像谁，他的微笑像谁?

你希望宝宝有什么样的性格?

希望他长大经历什么样的人生?

希望他能为这个家庭、这个世界带来什么?

在这里，写下你对宝宝的期待和祝福，他听得到，也能感受到，妈妈的爱。

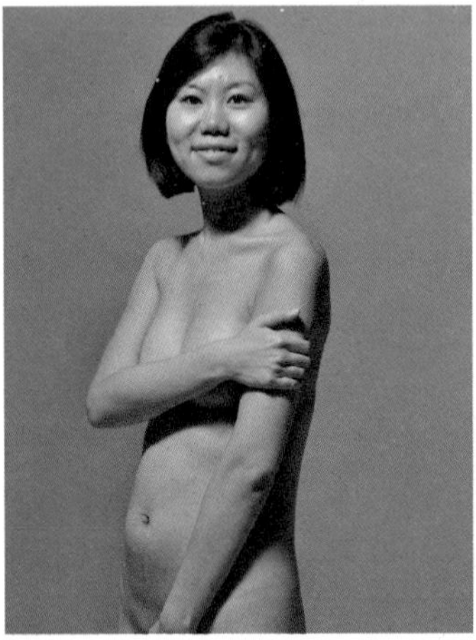

孕2月

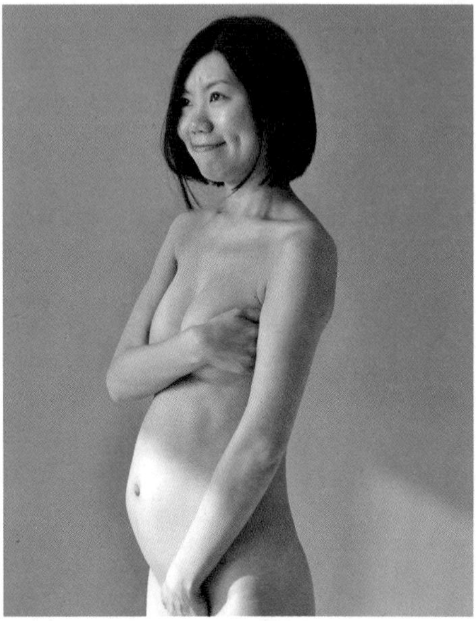

孕3月

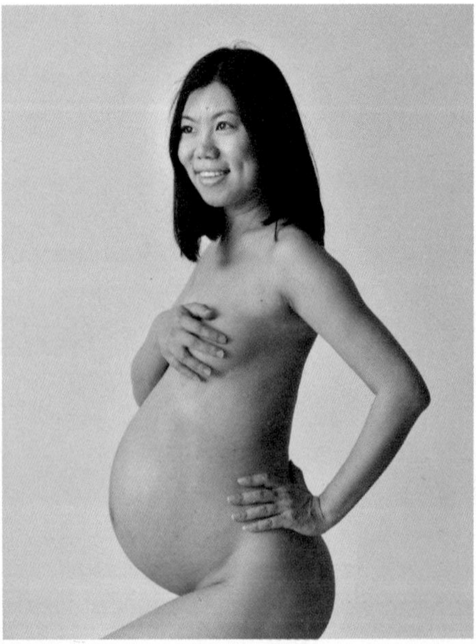

孕10月

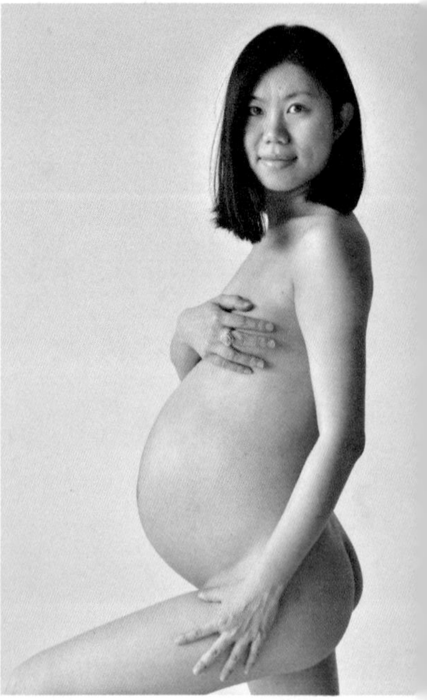

孕9月

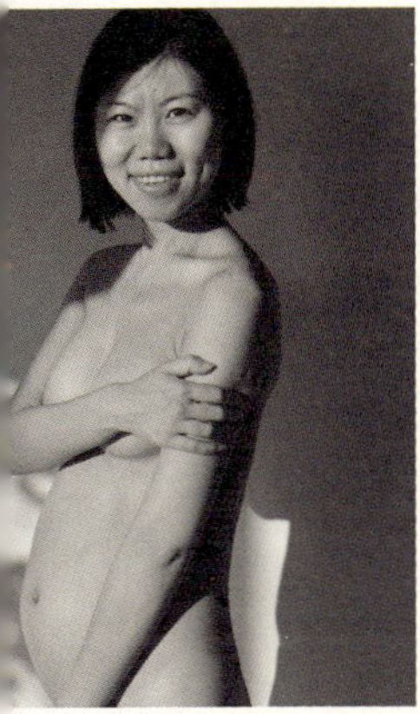
孕4月

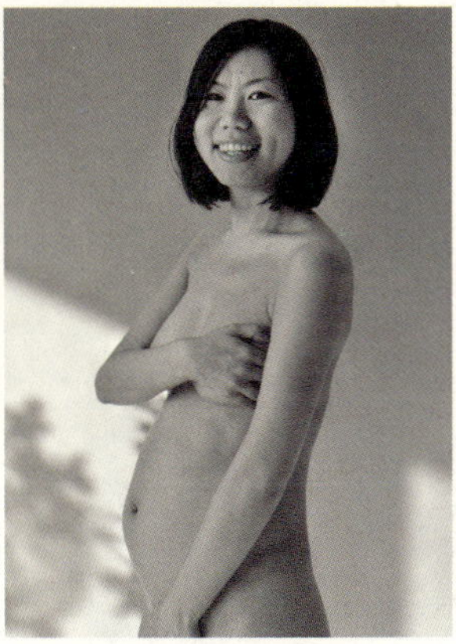
孕5月

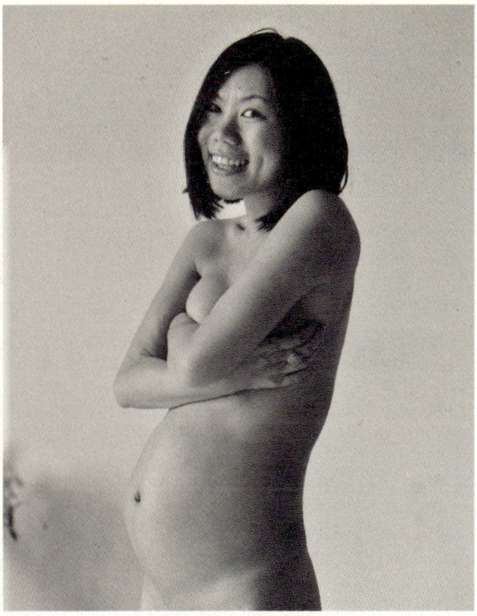
孕6月

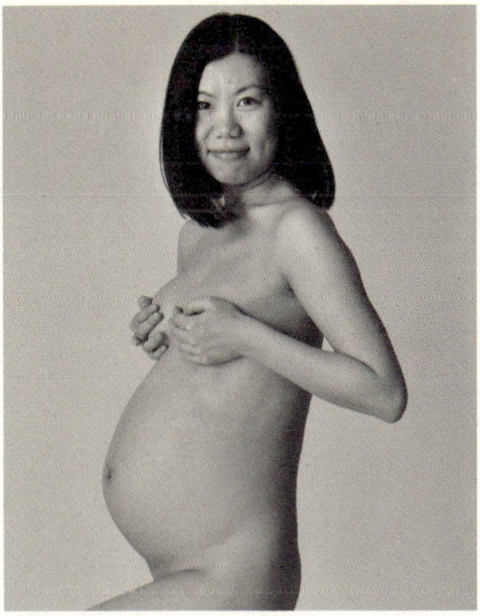
孕8月

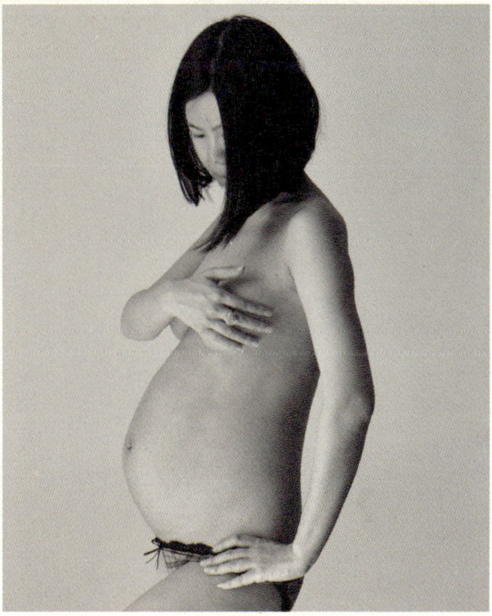
孕7月